쓸모 있는 뇌과학 • 5

독서의 뇌과학

쓸모 있는 뇌과학 • 5

당신의 뇌를 재설계하는 책 읽기의 힘

독서의 뇌과학

가와시마 류타 지음 | 황미숙 옮김

현대지성

일러두기

1. 인명은 국립국어원의 외래어 표기법을 따랐으나, 널리 통용되는 표기가 있는 경우 그에 따랐습니다.
2. 국내에 저작을 발표하지 않은 외국 저자의 인명은 원어를 함께 표기했습니다.

추천의 글

현대인에게 독서는 점점 더 필수적인 뇌 활동이 되어가고 있다. 역설적이게도 스마트폰 시대이기에 더욱 그렇다. 불과 20년 전만 해도 독서가 만들어내는 뇌의 변화는 일상적인 현상이었다. 그러나 인구의 절반이 1년에 책을 한 권도 안 읽는 오늘날, 독서는 '제발 좀 읽으시라'는 권장사항이 되었다.

필요한 지식을 유튜브로 얻든 책으로 얻든 별 차이 없어 보일 수 있다. 하지만 뇌가 정보를 받아들이는 방식은 전혀 다르다. 압도적인 시각 자극에 뇌가 수동적으로 반응하는 유튜브와 달리, 독서는 전전두엽을 포함해 뇌 전체를 동원한다. 정보를 시각화하고 기존 지식과 연결 짓는 과정이 일어나는 것이다. 특히 '소리 내어 책 읽기'는 뇌를 생산적으로 활성화하는 가장 좋은 방법 중 하나다. 그래서 독서는 뇌 건강을 유지하는 데 필수다. 이 책을 읽으면 더더욱 그 사실을 의심하지 않게 된다.

일본 도호쿠대학교 가레이의학연구소의 가와시마 류타 교수는 독서하는 동안 뇌에서 벌어지는 놀라운 변화들을 친절하게 설명한다. 하루 3시간 이상 스마트폰을 사용하는 도파민 중독 사회에서, 독서는 남들과 다른 방식으로 사고하게 만드는 '창의적 뇌 사용법'이라고 말한다. 이 책을 읽고 나면, 당신은 그동안 멀리하던 책을 자연스럽게 집어들게 될 것이다.

깊이 있는 성찰, 독창적인 관점, 확장된 사고가 필요한 현대인들에게 이 책은 필수다. 『독서의 뇌과학』은 앞으로 수많은 다른 책을 당신의 일상에 초대할 것이다.

· **정재승** 뇌과학자·카이스트 교수·『열두 발자국』, 『과학콘서트』 저자

모든 동물은 감각으로 세상을 경험하고 기억한다. 그러나 호모 사피엔스, 우리 인간만은 다른 생명체와는 다른 독특한 방식으로 세상을 인식한다. 바로 독서를 통해서다. 사피엔스의 첫 30만 년은 다른 종들과 다를 바 없었다. 개인의 경험과 지식은 그의 생명이 끝나면서 함께 사라졌다. 그러나 5천 년 전 메소포타미아의 우루크에서 쐐기 문자가 탄생하면서 모든 것이 바뀌었다. 인간은 생각과 경험을 기록하고 공유할 수 있게 된 것이다.
독서는 인류 역사에서 '겨우' 5천 년 전에 찾아낸 최근의 발명품이다. 그래서 우리 뇌의 본능적 기능에는 아직 포함되어 있지 않다. 보고, 듣고, 기억하는 것은 본능적이지만, 독서는 의식적인 학습과 훈련이 필요하다. 독서는 어렵지만, 그 어려움이 오히려 뇌에 새로운 자극과 보상을 준다. 『독서의 뇌과학』은 최신 뇌과학, 특히 fMRI 기술을 통해 독서가 우리 뇌에 가져오는 놀라운 변화를 치밀하게 밝혀낸다. 이제 우리가 던져야 하는 중요한 질문은 이것이다. 인공지능이 텍스트를 읽고, 이해하고, 요약까지 해주는 시대에 인간의 독서는 어떤 의미를 가질까? 왜 우리는 여전히 직접 책을 읽어야 하는가? 인공지능 시대에 독서가 왜 더욱 중요해지는지, 이 책이 당신에게 그 실마리를 줄 것이다.

· **김대식** 뇌과학자 · 카이스트 교수 · 『김대식의 빅퀘스천』 저자

인공지능이 지성을 대신한다는 이 시대에 우리는 왜 책을 읽어야 할까? 『독서의 뇌과학』은 독서가 실질적으로 우리 뇌에 미치는 영향을 탐구하여, 독서가 여전히 대체될 수 없는 활동임을 보여준다. 집중력과 기억력부터 창의성, 커뮤니케이션 능력까지 독서가 가져다주는 방대한 혜택을 확인하고 나면 책을 왜 읽느냐는 질문은 무의미해진다. 인공지능의 시대에도 우리는 여전히 삶 속에서 집중하고 읽고 기억하고 논의하고 해결책을 찾아야 한다. 이 책은 독서가 이 과정에 어떻게 도움을 주는지 구체적인 데이터로 설명해준다.

· **김겨울** 작가·유튜브 〈겨울서점〉 운영자

차례

제2장

뇌를 변화시키는 소리 내어 읽기의 마법

제3장

관계를 깊게 만드는 책 읽어주기의 기술

제6장

당신의 뇌를 지키는 단 하나의 비밀

들어가며

최고의 뇌 훈련법, 독서

책만 제대로 읽어도 뇌가 젊어진다

현대 사회에서 스마트폰과 태블릿 PC 같은 디지털 기기는 일상생활에 필수적인 도구가 됐다. 직장이나 학교 그리고 집에서도 틈만 나면 스마트폰 화면을 들여다보는 모습을 흔하게 본다. 디지털 기기의 과도한 사용에 대한 우려는 커지고 있지만, 이런 기기가 중독을 가져온다는 사실 외에 구체적인 부작용에 대해선 널리 알려지지 않았다.

이 책에서 나는 디지털 기기의 과다 사용이 뇌에 미치는 악영향을 다룰 것이다. 디지털 기기를 많이 사용하는 아이들은 학업 능력이 낮거나 뇌 발달이 지연된다는 조사 결과도 있다.

그렇다면 스마트폰과 태블릿 PC를 사용하지 않는 대신 무엇을 하면 좋을까? 뇌과학 연구자로서 나는 독서, 즉 책 읽기를 권한다. "이 디지털 시대에 책이라니, 너무 구닥다리 아닌가?"라며 코웃음을 치는 사람도 있을 것이다. 하지만 독서에는 뇌를 활성화하는 실제적인 효과가 있다.

도호쿠대학 가레이의학연구소 소장으로서 나는 인간의 뇌 활동을 측정하고 가시화하는 연구를 수없이 진행해왔으며, 그 연장선으로 닌텐도의 '두뇌 트레이닝' 게임을 감수하기도 했다. 2005년 발매된 이래 약 2,000만 장이 판매된 히트작이라, 지금은 '두뇌 트레이닝' 감수자로 더 알려져 있다.

가레이의학연구소에서는 치매 환자들의 인지 기능을 개선하는 프로그램을 개발하고 있다. 이 연구에서, 알츠하이머병 환자들을 대상으로 문장을 소리 내어 읽는 훈련을 실시한 적이 있다. 짧은 글이나 단어를 일주일에 다섯 번씩 소리 내어 읽는 간단한 프로그램이었다. 그 외에 다른 변수는 없었다.

그런데 놀랍게도, 이 훈련만으로도 치매 환자들의 인지 기능이 향상됐다. 증상이 멈춘 것이 아니라 오히려 나아지는 양상이었다.

최근에는 미국 생명공학기술회사인 바이오젠과 일본 제약

사 에자이가 합작으로 만든 '레켐비'나 미국 제약사 일라이릴리가 만든 '도나네맙' 같은 치매 치료제도 출시되었지만, 이 약제들은 증상이 악화되는 속도를 늦출 뿐 인지 기능을 회복시키지는 못한다. 그런데 글을 소리 내어 읽는 일을 반복하자 놀라운 효과가 나타났다. 책을 소리 내어 읽기만 해도 뇌가 젊어진 것이다. 이는 실로 놀라운 발견이었다.

그 밖에도 뇌를 연구하면서 독서가 뇌 활동에 초래하는 다양한 혜택을 발견했다. 예를 들면 다음과 같다.

- 얇은 책 한 권을 읽기만 해도 직장인의 창의성이 향상된다.
- 독서 습관은 아이들의 뇌 발달을 촉진하고 학업 능력을 높인다.
- 부모가 자녀에게 책을 읽어주면 정서적 상호작용이 일어나 육아 스트레스가 줄어든다.

이 책에서 나는 독서가 뇌를 어떻게 활성화하는지, 책을 읽을 때 뇌에서 어떤 일이 일어나는지에 관해 과학적 연구 결과를 바탕으로 쉽게 설명하고자 한다. 여러 곳에서 독서의 효용에 대해 이야기해왔지만, 이렇게 연구 내용을 한 권의 책으로

묶어낸 것은 처음이다. 그런 의미에서 '독서의 뇌과학'을 집대성했다고 할 만하다. 다음과 같은 분들이 이 책을 읽어보길 바란다.

- 독서로 인생을 업그레이드하고 싶은 직장인
- 자녀의 교육과 발달에 관심이 많은 부모
- 부모님의 돌봄 등에 불안을 느끼는 중간 세대
- 치매 등 인지 능력 저하가 걱정되는 고령 세대

독서는 나이에 관계없이 모든 세대에 유익한 활동이다. 이 책을 읽고 나면 스마트폰을 내려놓고 당장 책을 읽고 싶어질 것이다.

가와시마 류타

제1장

책을 읽으면 뇌가 깨어난다

뇌를 깨우는 독서의 힘

MRI가 밝혀낸 놀라운 진실

예로부터 가정이나 학교에서는 아이들에게 책 읽기를 권장했다. 책 읽기와 학습의 관계를 정량적으로 연구하기 전이었음에도, 책을 가까이한 아이들이 재능을 쉽게 꽃피운다는 사실을 경험적으로 깨달은 것이다. 특히 교육 현장에 있는 사람들은 이 사실을 직감적으로 느끼곤 했다.

그렇다면 책을 읽을 때 우리의 뇌는 어떻게 움직일까? 정말 긍정적인 활동이 일어나는 걸까?

도호쿠대학 가레이의학연구소에서는 1990년대부터 자기공명영상Magnetic Resonance Imaging, MRI 장치를 사용하여 뇌의 활동량을 측정하는 실험을 진행해왔다. MRI는 자기장을 이용해서 인체 내부의 영상을 얻는 측정 방법으로, 주로 뇌신경계, 척추 질환, 골관절 질환, 근육 질환을 살필 목적으로 사용한다. 뇌를 연구할 때는 특히 뇌 혈류량 측정에 MRI를 사용한다. 뇌의 활성화된 부분은 더 많은 산소와 영양분을 필요로 하기 때문에 상대적으로 혈류량이 증가한다. 이것으로 뇌의 어떤 부분이 활성화되어 있는지 확인한다.

또한 가레이의학연구소에서는 '뇌 기능 매핑mapping' 연구도 진행한다. 다양한 '마음'의 활동이 뇌의 어느 부위에서 이루어지는지 계측하여 뇌 기능의 비밀을 밝히려는 연구다. 이러한 기술을 바탕으로 독서할 때 뇌의 활동 변화를 측정하는 실험을 진행했다.

먼저 MRI 장치에 들어간 피험자에게 신문 기사를 소리 내지 않고 읽어달라고 요청했다. 비교를 위해 한 점을 무심히 바라볼 때의 뇌 상태도 함께 측정했다. 이 두 데이터를 비교하면 사고가 활성화되지 않았을 때와 글을 읽을 때의 차이, 그리고 각 활동에서 뇌의 어느 부분이 활성화되었는지 알 수 있다.

약 30명의 피험자 데이터를 수집했고, 이를 단순히 합산하는 게 아니라 통계학적으로 정교하게 분석했다. 피험자 중

70~80퍼센트가 공통으로 사용한 뇌 부위를 컴퓨터로 계산해 특정 행위 시 사용된 뇌 영역을 더 정확히 찾아냈다.

이렇게 찾아낸 계측 실험의 결과가 도표 1-1이다. 낯설게 느껴지겠지만, 뇌를 마치 물고기 손질하듯 세로로 갈라서 펼친 모양이라고 생각하면 쉽다. 즉, 같은 뇌의 우측과 좌측을 각각 옆에서 바라본 모습이다.

이 그림에서는 피험자들이 소리 내지 않고 글을 읽을 때 분명하게 사용된 영역을 어두운 색으로 표시했다. 활동했는지 여부가 애매한 곳은 표시하지 않았다. 이 방법을 쓰면 뇌의 어느 부분이 어떤 일에 사용되는지 알 수 있고, 그 결과를 종합

1-1 신문 기사를 묵독 중인 뇌의 활동

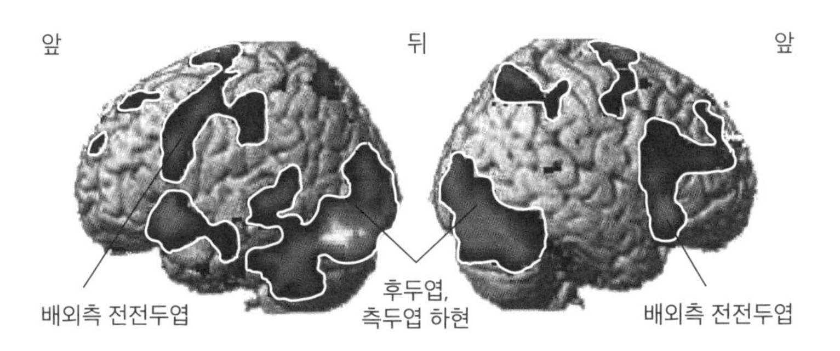

하면 각 부분이 어떤 기능을 담당하는지 알 수 있다.

실험 결과, 묵독 시 뇌의 앞쪽, 특히 옆 부분이 활성화되었다. 이는 좌우 반구 모두에서 관찰되었다. 이 부위는 '배외측 전전두엽'으로, '사고하는 뇌'라 불린다. 생각하거나 배우거나 창조적 작업을 할 때 이 부분이 활동한다고 알려져 있다. 뇌의 각 영역에 대한 기초 지식은 2장에서 더 자세히 설명할 예정이지만, 지금은 이 정도만 알아도 충분하다.

뇌의 뒤쪽에도 일부 활동하는 영역을 볼 수 있다. 가장 두드러지는 부분은 뇌의 뒤쪽에서 아래로 비스듬히 내려가는 듯이 보이는 곳이다. 전문적으로 말하면 후두엽에서 측두엽 하현下弦에 걸친 영역이다. 후두엽은 주로 시각 정보를 취급하고, 측두엽 하현은 어휘를 포함한 기억을 처리하는 영역이라고 알려져 있다.

흔히 "언어능력은 왼쪽 뇌만 사용한다"라고 알고 있는 경우가 많은데, 이는 명백히 잘못된 상식이다. 그림을 보면 우리가 독서를 할 때 뇌는 왼쪽과 오른쪽 모두 분명히 활동하고 있음을 알 수 있다. 그중에서도 배외측 전전두엽 뒤쪽 아래에 있는 언어를 다루는 영역이 좌우 모두 활발하게 움직인다. 또한 시각을 관장하는 영역과 청각을 관장하는 영역도 반응한다. 즉,

활자를 읽으면 뇌의 거의 전 영역이 활성화된다.

이런 실험 결과를 종합하면, 독서는 뇌의 전신운동과 같다고 할 수 있다. 이는 독서에 열중하는 아이들이 다양한 분야에서 뛰어난 능력을 보이는 이유를 설명해준다. 성인에게도 마찬가지다.

아이든 어른이든 매일 전신운동을 하는 사람은 건강한 신체를 유지하고 활동에 필요한 신체적 능력을 금방 단련할 수 있다. 야구나 축구, 테니스, 배구, 달리기 같은 운동을 할 때도 평소 운동을 해온 사람이 훨씬 빨리 배운다. 마찬가지로 날마다 뇌의 전신운동을 하는 사람은 여러 면에서 능력을 발휘하기 쉬운 상태를 유지한다. 뇌도 다른 장기나 기관과 같다. 매일 책을 읽으면 뇌의 기초 능력도 향상된다.

여기서 잠깐, 한 가지만 짚고 넘어가자. 오른손잡이 중 90퍼센트는 언어를 다루는 영역이 주로 대뇌의 좌반구 앞뒤에 자리한다. 오른손잡이의 나머지 10퍼센트는 뇌의 양측이 균등하게 사용된다. 왼손잡이의 경우, 절반 정도는 우측을 주로 사용하고 나머지 절반은 양측을 모두 사용한다고 알려져 있다.

뇌과학 연구자가 뇌 활동 영역을 조사할 때 대체로 오른손잡이만을 대상으로 하는 이유가 바로 여기에 있다. 90퍼센트의 사람이 좌우 뇌를 사용하는 양상이 같아 통계 처리를 할 때 오류가 줄어들기 때문이다. 대부분의 뇌과학 데이터가 오른손잡이 대상임을 알아두면 좋겠다.

지식의 재조합

독서가 만드는 혁신의 순간들

독서 중에 활성화되는 뇌의 영역을 조사한 후에는 조금 색다른 방향으로 더 고차원적인 연구를 실시했다. 새로운 아이디어가 떠오를 때 사용되는 뇌 영역이 어디인지를 알아보는 실험이 그중 하나다.

이 실험 역시 MRI를 이용했다. 대학생 30여 명을 대상으로 한 명씩 MRI 장치에 들어가 눈앞의 디스플레이를 보게 했다. 피험자에게는 화면에 나타난 두 단어를 조합해 현실에 없는 무언가를 상상해보라고 요청했다. 예컨대 '수박'과 '텔레비전'이라는 단어가 제시되면, 이 둘을 융합한 새로운 개념을 떠올리는 식이다.

또한 단어 대신 그림 두 개를 보여주고 같은 방식으로 새로운 물건이나 개념을 상상하도록 했다. '고양이'와 '사다리' 그림을 보고 이 둘을 결합한 무언가를 공상하게 하는 식이다. 이 과정에서 피험자의 뇌 활동을 세밀히 관찰했다.

MRI 장치를 이용한 측정이 끝나면 피험자에게 머릿속에서 상상한 것을 그림으로 그리도록 했다. 그 결과가 도표 1-2다. 어설프게 보여 대학생이 그린 그림이라고 생각하기 어려울 수도 있겠지만, 그림의 숙련도보다는 아이디어의 독특함에 주목하자. 피험자는 분명히 세상에 없는 무언가를 상상해냈다. 다른 피험자들의 그림 역시 상당히 독특했다.

이 과정에서 뇌 활동 데이터를 분석해보니 오른손잡이의 경우 주로 좌반구를 사용하고 있음을 알 수 있었다. 활동 영역을 더 자세히 들여다보면, 문자로 상상하든 그림으로 상상하든 특정한 두 영역이 공통적으로 활성화되었다. 한 곳은 좌반구의 '사고하는 뇌'의 하부, 또 한 곳은 측두엽 하현이었다.

'사고하는 뇌'의 아래쪽은 언어를 담당하는 영역으로, 이를 발견한 프랑스의 외과 의사 폴 브로카Paul Broca의 이름을 따서 '브로카 영역'이라고 불린다. 이 영역은 발언, 즉 말을 입으로

1-2 피험자가 머릿속에서 상상한 것

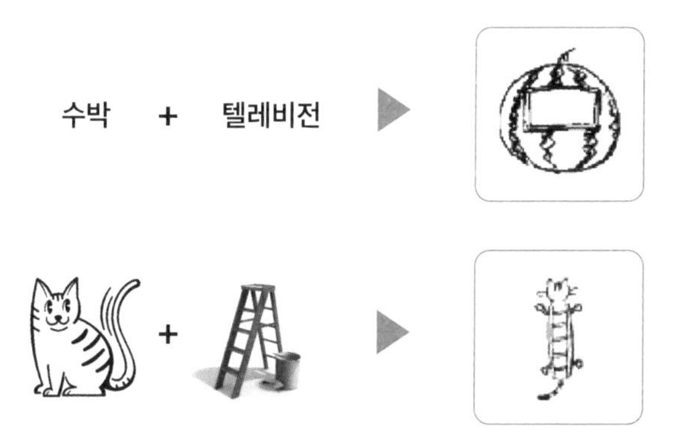

내뱉는 활동에 관련된 곳이라 알려져 있다. 또한 측두엽 하현은 앞에도 설명했지만 다양한 지식이 기억으로 저장되는 영역이다.

이 실험 결과를 보면 우리가 새로운 발상을 할 때 뇌는 기억능력과 언어능력을 사용하고 있음을 알 수 있다. 흔히 창의적 발상을 갑작스러운 영감이나 직관의 산물로 여기지만, 실제로는 뇌에서 언어를 끊임없이 조작하며 새로운 개념을 만들어내는 과정인 셈이다.

더욱 흥미로운 점은 창의적 사고 중의 뇌 활동과 독서 중의 뇌 활동 사이에 상당한 유사성이 발견됐다는 것이다. 새로운 아이디어를 구상할 때 사용되는 뇌 영역이 책을 읽을 때도 활성화된다는 사실은, 독서가 잠재적으로 창의력 향상에 기여할 수 있음을 암시한다.

당신의 창의성, 책 한 권으로 깨어난다

뇌도 다른 근육처럼 사용할수록 기능이 향상된다. 독서와 창의적 사고가 유사한 뇌 영역을 활성화한다는 발견을 토대로, 우리 연구진은 독서를 통한 창의력 증진 가능성을 탐구하기로 했다.

이번 실험은 직장인을 대상으로 했다. 독서가 실제 업무 환경에서의 창의성을 높일 수 있는지 확인하고자 했다. 이 실험은 도호쿠대학과 히타치하이테크가 산학협력을 통해 설립한 뉴NeU사에서 진행되었다.

창의성을 객관적으로 측정하기 위해 '창의성 테스트'를 활용했다. 이 테스트는 일상적인 물건의 새로운 용도를 다양하게 떠올리는 등의 문항으로 구성됐다. 예를 들어, 타이어나 연필, 클립, 포크 같은 물건들의 원래 용도 외에 새로운 사용법을 제한 시간 내에 최대한 많이 생각해내는 방식이다.

한 컨설팅 회사의 협조로 실험이 시작됐다. 먼저 참가자들에게 실험 취지를 설명하고 사전 창의성 테스트를 실시했다. 이 단계에서는 참가자들 간 창의력 차이가 크지 않았다.

다음으로, 참가자들에게 이노우에 야스시의 소설 『빙벽』을 나눠주었다. 정치색이 없어 누구나 중립적으로 읽을 수 있는 작품을 선택했다. 참가자들에게는 한 달 후 같은 테스트를 다시 할 예정이니 그때까지 책을 다 읽어달라고 요청했다.

일반 직장인들이다 보니 모두가 책을 끝까지 읽기는 어려울 것이라 예상했다. 그래서 '독서 완료군'과 '독서 미완료군'으로 나눠 데이터를 비교하기로 했다. 이를 통해 독서 전후의 차이뿐 아니라, 독서 완료 여부에 따른 차이도 알아보고자 했다. 만약 두 집단 사이에 차이가 있다면 어떤 차이를 보이게 될까?

한 달 후, 두 번째 테스트의 날이 다가왔다. 연구진의 예상대로 책을 다 읽은 사람도 있었고, 그렇지 못한 사람도 있었다. 이들을 대상으로 창의성 테스트를 실시하자 도표 1-3과 같은

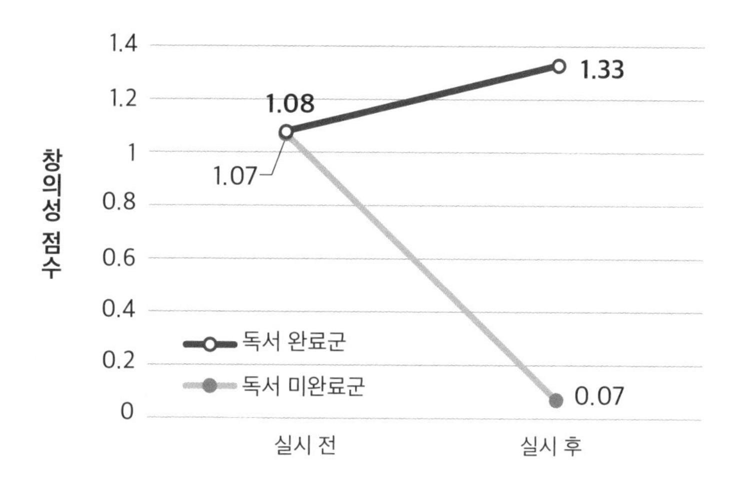

결과가 나왔다.

테스트 결과, 책을 끝까지 다 읽은 사람은 창의성 점수가 향상된 반면, 다 읽지 못한 사람은 그렇지 않았다. 그래프의 수치만 보면 오히려 점수가 더 내려간 것처럼 보이지만, 이는 두 번째 테스트가 더 어려웠기 때문이다. 두 테스트의 난도 차이를 고려하면, 책을 끝까지 읽지 않았다고 해서 창의성이 떨어졌다기보다는 창의력 자체에 큰 변화가 없었다고 보는 편이 타당하다.

이 실험의 핵심은 책을 완독한 사람들의 창의성 점수가 크게 향상됐다는 점이다. 이는 직장인들도 독서를 통해 창의력을 키울 수 있다는 것을 간접적으로 증명한 셈이다. 다시 말해서 책 읽기가 창의력을 높여준다는 사실을 확인한 것이다.

뇌가 좋아하는 책을 고르는 법

책을 읽는 행위는 뇌의 전 영역을 사용한다. 말하자면 뇌의 전신운동이라고 할 수 있으며, 그 사실이 이 장의 핵심이다. 그렇다면 뇌 전체를 효과적으로 움직이려면 어떤 책을 읽어야 할까? 책의 내용에 따라 효과가 다를까?

결론부터 말하자면 뇌 활동은 읽는 책의 내용과는 관련이 없다. 앞선 실험에서는 소설을 이용했지만, 다른 장르의 책도 비슷한 결과를 냈을 것이다.

관심이 있는 책이라면 어떤 장르의 책이든 뇌의 전신운동을 촉진한다. 그러므로 좋아하는 책, 읽고 싶은 책을 고르면 된다.

읽고 싶은 책을 읽는 편이 독서 습관을 기르기에도 더 수월하다. 취미는 업무나 공부와 달라서 따로 목표를 정하지 않아도 상관없지만, 운동을 습관화하면 건강이 좋아지듯 독서를 습관으로 삼으면 뇌의 능력을 향상할 수 있다.

한 가지만 조언하자면, 가급적 활자가 많은 글을 추천한다. 소설이나 신문 기사처럼 활자 중심의 글을 읽으면 전전두엽을 포함해 뇌가 전체적으로 활동하기 쉬워진다는 사실이 실험을 통해 밝혀졌다. 우리 연구소에서는 독서 또는 활자를 읽는 행위에 관한 실험을 다양하게 진행했는데, 사진이나 그림, 만화가 중심인 잡지나 서적을 읽을 때는 '사고하는 뇌'가 그리 활발히 움직이지 않았다. 흥미롭게도, 지면에 사진이나 그림과 함께 텍스트가 있고 피험자가 그 글을 읽고 있음에도, 배외측 전전두엽의 활성화가 미미했다. 이 수수께끼에 대해서는 추가적인 연구가 필요하지만, 다양한 계측 데이터를 종합하면 결국 활자를 중심으로 한 책을 읽는 편이 뇌의 전신운동에 도움이 된다고 하겠다.

잠시 데이터 분석에서 벗어나 경험적으로 이 현상을 설명해 보자면, 같은 분량이라도 활자만 있는 글을 읽을 때와 사진 혹은 그림이 함께 있는 지면을 읽을 때 뇌의 피로도가 다르기 때문일 가능성이 있다. 사진 중심의 잡지나 그림이 많은 책은 비교적 편안하게 읽을 수 있지만, 소설 같은 순수 텍스트는 집중력을 발휘해야만 흥미를 느낄 수 있기 때문이다. 다만 그 차이가 뇌에서 구체적으로 어떻게 나타나는지는 아직 과학적으로 밝혀지지 않았다.

소설과 사진 잡지를 읽을 때 안구 운동을 조사한 실험도 있다. 소설을 읽을 때는 기본적으로 문자열을 따라가는 양상을 보였지만, 사진이나 그림이 있으면 글을 읽다가 사진으로 시선이 자주 옮겨갔다. 이는 '스위칭switching'이라 불리는 현상으로, 이때는 뇌 활동이 전체적으로 활성화되지 않는다.

같은 문장이 쓰여 있다고 해도 바로 옆에 사진이나 그림이 크게 들어가 있으면 문장에 집중하지 못하고 스위칭이 발생해서 주의가 산만해진다. 결과적으로 뇌 활동이 둔해지는 것이다. 이는 연구 내용을 바탕으로 유추했을 때 가장 타당성 높은 해석이지만, 더 자세한 메커니즘은 추가 실험을 통해 증명해야 한다.

그러면 그림과 글이 함께 있는 만화는 어떨까? 실제로 일반적인 수준의 발달을 보이는 아이들을 대상으로 만화의 영향에 관한 연구가 많이 이루어졌는데, 대다수 결과를 살펴보면 뇌 발달이나 활성화에 특별히 좋은 점은 없는 것 같다. 다만 발달장애가 있는 아이들의 경우 만화를 읽으면 사회성 측면에서 긍정적인 효과가 있다고 한다.

지금까지의 연구를 종합하면 같은 내용의 정보라도 문자인지 이미지인지 혹은 영상인지에 따라 뇌에서는 다른 방식으로 처리하는 것으로 보인다. 이 메커니즘을 밝히는 연구는 이제 막 시작 단계에 있다.

사소한 독서 습관이 만드는 기적

가레이의학연구소에서는 학생들의 학업 의욕을 향상하는 방법을 찾는 혁신적인 연구도 진행하고 있다. 이를 위해 미야자키현 센다이시 교육위원회와 학술협정을 맺고 센다이시의 공립 초등학교 및 중학교에 다니는 모든 학생의 학업 능력과 생활 습관에 대한 데이터를 공유받았다. 또한 학생과 보호자의 협조로 아이들의 뇌 MRI 영상도 수집하고 있다. 이 데이터를 지속적으로 추적하고 조사해 뇌과학 연구 데이터를 실제 교육 현장에서 활용할 방법을 찾는 중이다.

이 연구의 일환으로 독서 습관과 학업 능력의 관계를 조사

했다. 독서가 뇌를 전체적으로 활성화시키는 '전신운동' 역할을 한다면 이를 습관화한 아이들의 뇌는 어떤 차이를 보일까?

이 질문에 답하기 위해 아이들의 뇌 MRI 영상을 분석하여 독서 습관의 유무와 독서량에 따른 차이를 살펴보았다. 이때 주목한 부분은 대뇌에서도 신경세포가 많이 모여 있어 짙은 색으로 보이는 '회백질'과 신경섬유가 모여 있어 흰색으로 보이는 '백질'이었다. 회백질과 백질에 대해서는 2장에서 더 자세히 설명하겠지만, 여기서는 청소년기에 백질의 밀도가 높아지고 부피가 증가하는 발달 과정이 매우 중요하다는 점만 알아두어도 충분하다.

오른손잡이 아이들을 대상으로 조사한 결과, 독서 습관을 지닌 아이들은 대뇌 좌반구의 백질이 현저히 발달해 있음을 분명히 알 수 있었다. 도표 1-4는 독서 습관이 있는 아이들 5명의 MRI 영상을 비교한 것이다. 첫 번째 줄은 아이들의 뇌를 위에서 본 모습으로, 위쪽이 이마 쪽에 해당한다. 두 번째 줄은 같은 뇌를 왼쪽에서 본 모습으로, 활발하게 활동하는 영역의 자세한 위치를 보여준다.

오른손잡이의 경우 좌반구가 언어를 담당한다. 이 연구 결과는 독서 활동이 언어 처리 능력을 향상시키는 뇌의 변화를

1-4 독서 습관과 백질 형태의 변화

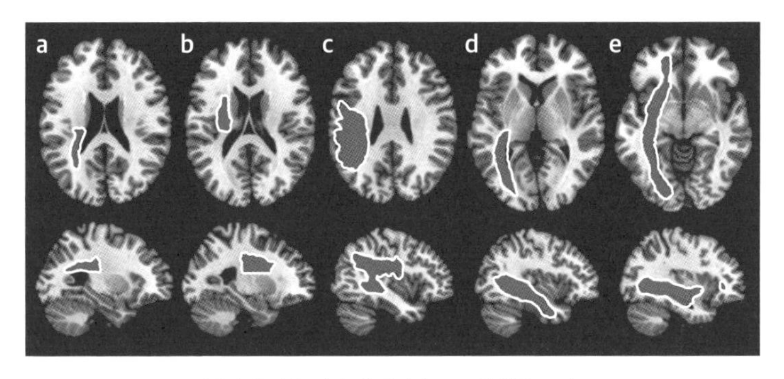

독서 습관을 지닌 아이들의 MRI 영상을 보면,
좌반구의 백질이 발달해 있음을 확인할 수 있다.

유도한다는 것을 시사한다. 이는 세계 최초로 실제 뇌 발달 차이를 입증한 실험이었다. 즉, 책을 자주 읽는 아이들의 뇌가 그렇지 않은 아이들에 비해 실제로 더 발달해 있음이 확인된 것이다.

책 읽는 뇌, 성적이 오르는 아이

14년간의 데이터가 밝힌 독서의 힘

독서로 뇌가 발달했다면, 아이들의 능력에는 어떤 변화가 생겼을까? 이는 뇌 연구의 핵심 질문이지만, 능력을 단일 척도로 측정하기는 어렵다. 아이들의 능력은 다양하고 개성적이기 때문이다.

이 연구에서는 독서 습관과 '학업 능력'의 관계에 초점을 맞췄다. 학업 능력은 인지능력의 일부를 반영하며, 객관적으로 점수화할 수 있어 연구에 적합했다.

14년에 걸쳐 센다이시 공립 초 · 중학교 전체 학생(매년 7만 명 이상)의 학업 능력 데이터를 수집했다. 그리고 이 아이들의 데이터를 바탕으로 독서 습관 유무와 매년 4월에 실시되는 학업 능력 시험 4개 교과 평균점수와의 관계성을 연도별로 알아보았다.

그 해석 결과가 도표 1-5에서 1-7까지이며, 이 그래프는 2016년도 초등학교 5학년부터 중학교 3학년까지 학생들의 데이터를 토대로 작성되었다.

이 연구에서는 아이들을 단순히 독서의 유무나 학업 능력(성적 평균 편찻값)으로 나누는 것이 아니라, 가정에서의 독서 시간과 공부 시간, 수면 시간 항목도 추가했다. 아이들의 학업 능력에는 생활 습관이나 가정학습 시간도 크게 영향을 준다고 알려져 있기 때문이다. 실제로 전반적인 데이터를 살펴보면 집에서 공부하는 아이가 역시 성적이 높은 경향을 보였다.

교육계에서는 오래전부터 생활 습관, 특히 수면 패턴이 학업 성취도와 밀접한 관련이 있다고 보았다. 우리의 데이터 분석 결과도 이를 뒷받침한다. 수면이 부족한 아이들은 전반적으로 학업 능력이 저조했다. 그러나 흥미로운 점은, 지나치게 긴 수면 시간을 가진 아이들도 적정 수면을 취하는 또래에 비해 학업 성과가 다소 떨어졌다는 사실이다.

독서 시간에 따라 아이들을 '1시간 이상', '1시간 미만', '전혀 하지 않음' 세 그룹으로 나누고, 각 그룹을 공부 시간과 수면 시간에 따라 다시 세분화하여 총 36개 그룹으로 분류했다. 공부 시간은 전혀 하지 않는 경우를 포함해 30분 미만부터 3시간 이상까지, 수면 시간은 5시간 미만부터 9시간 이상에 이르기까지 구간별로 나누어 분석했다.

도표 1-5부터 1-7까지 각각의 막대그래프를 살펴보자. 그래프에서 막대의 길이는 4개 과목 평균의 편찻값이다. 개인별로 집단 평균값에서 얼마나 떨어져 있는지를 표시한 것으로, 여기서는 실제 점수를 바탕으로 평균점이 50이 되도록 조정했다. 간단히 말하면 보기 쉽게 기준화한 점수로, 실제 점수와 마찬가지로 편찻값이 높으면 시험 성적도 높으며, 편찻값이 낮으면 시험 성적도 낮다는 의미다. 그래프에서 짙은 색으로 표시된 막대가 편찻값 50, 즉 평균점을 넘은 그룹이다.

우선 '독서를 전혀 하지 않음'이라고 답한 아이들(11,410명)의 데이터를 보면 6시간 이상 수면을 취하고 2시간 이상 가정학습을 하는 아이들만이 평균을 약간 상회했다.

반면에 '독서 시간 1시간 미만'이라고 응답한 아이들(23,085명)의 데이터를 보면 주로 6시간 이상 수면을 취하면서 30분 이상 가정학습을 하는 아이들이 평균점을 넘는 경향을

1-5 독서 습관, 학습 시간, 수면 시간과 학업 능력의 관계
(독서를 전혀 하지 않음)

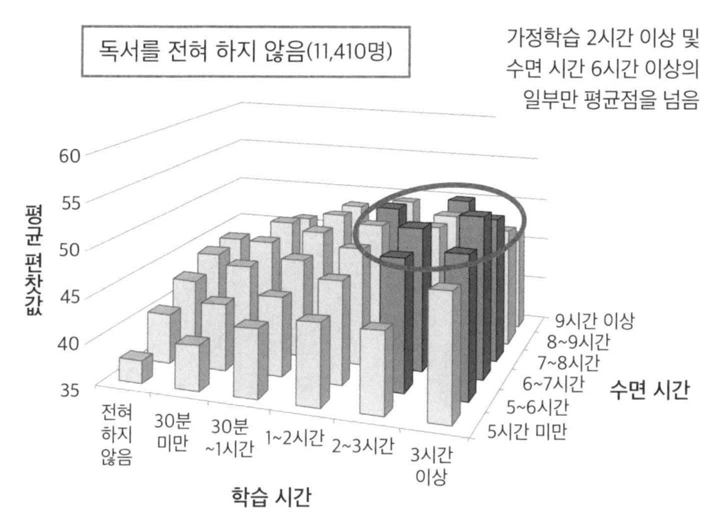

· 2016년도 센다이시 생활·학습상황조사 해석 결과
· 대상: 초등학교 5학년~중학교 3학년 41,223명

보인다.

나아가 '독서 시간 1시간 이상'이라고 답한 아이들(6,728명)의 데이터를 보면, 공부를 전혀 하지 않는 아이들과 수면이 확연하게 부족한 아이들을 제외한 대부분의 아이가 평균점을 크게 웃돈다.

이 결과는 독서 습관이 뇌 발달과 학업 성적 향상에 긍정적

1-6 독서 습관, 학습 시간, 수면 시간과 학업 능력의 관계
(독서 시간 1시간 미만)

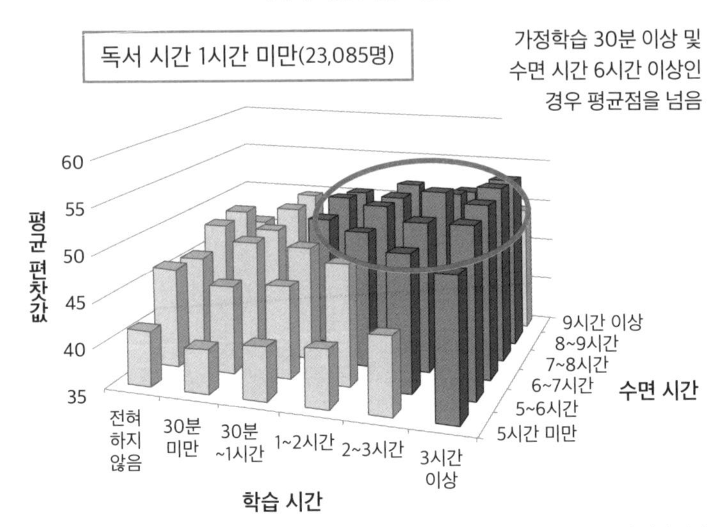

· 2016년도 센다이시 생활·학습상황조사 해석 결과
· 대상: 초등학교 5학년~중학교 3학년 41,223명

영향을 미친다는 것을 보여준다. 독서를 많이 하는 아이들은 언어 이해력과 정보처리 능력이 향상되어 전반적으로 좋은 성적을 거뒀다.

반대로 독서 습관을 갖추지 못한 아이들은 대체로 시험에서 좋은 점수를 받지 못하는 경향을 보였다. 평소 자주 책을 읽는 아이들과 비교하면 뇌가 그리 발달하지 못한 것으로 해석할

1-7 독서 습관, 학습 시간, 수면 시간과 학업 능력의 관계
(독서 시간 1시간 이상)

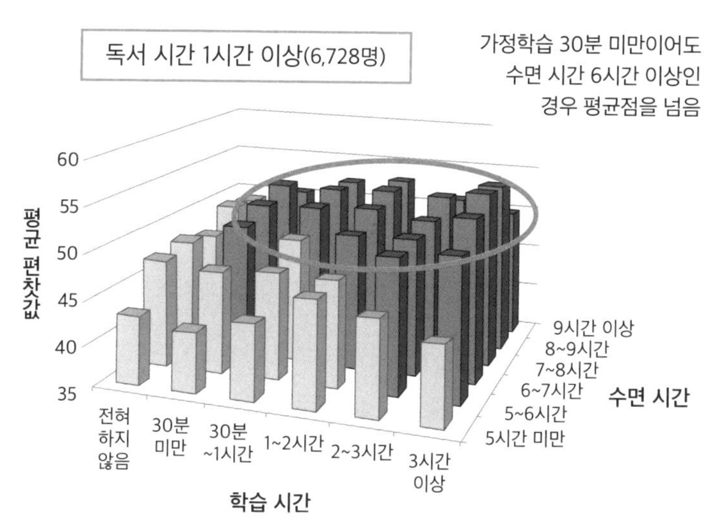

· 2016년도 센다이시 생활·학습상황조사 해석 결과
· 대상: 초등학교 5학년~중학교 3학년 41,223명

수 있다.

앞에서 살펴본 연구를 통해 내린 결론은 다음과 같다. 독서 습관화는 아이들의 뇌, 특히 언어능력을 주로 담당하는 좌반구의 백질 발달을 촉진하고 인지능력을 향상시킨다. 이 실험에서 학업 성적은 인지능력을 나타내는 최소한의 지표이므로, 인지능력이 전반적으로 향상된다는 주장이 다소 비약적으로

느껴질 수 있지만 적어도 학업 수행 능력을 높이는 것은 분명해 보인다. 예로부터 교육 관계자들이 아이들에게 책 읽기를 권장한 까닭이 바로 여기에 있다.

독서에 대한 연구는 이미 전 세계적으로 활발히 이루어져 있다. 앞서 언급한 연구에서 드러났듯이, 독서 시간이 길수록 학업 성적이 향상된다는 데이터와 연구 결과는 여러 나라에서 꾸준히 보고되고 있다. 센다이시 학생들의 데이터가 특별하거나 예외적인 경우가 아니다.

또한, 우리 연구의 해석이 타당하다는 점을 많은 연구자와 기관들이 추가 연구를 통해 확인하는 중이다. 독서 습관이 아이들의 뇌 발달과 언어 능력 향상에 도움을 준다는 사실을 세계의 연구자들도 인정하는 것이다. 이 사실이 널리 알려지길 바란다.

주의력 결핍 시대의 해독제, 종이책

종이로 된 책을 읽을 때와 디지털 기기를 통해 전자책을 읽을 때의 효과 차이를 조사하는 연구도 폭넓게 이루어지고 있다. 최근 교육 현장에서 전자교과서나 전자 교재 도입이 늘어나는 추세인데, 이러한 디지털 콘텐츠의 교육적 효과는 어떨까?

여러 심리학 실험을 들여다보면 대부분 디지털 기기보다 종이 매체를 통해 책을 읽을 때 어휘 습득과 문장 이해력, 지식의 양, 사회에 대한 응용도 면에서 우수한 것으로 나타났다. 완전히 같은 내용을 읽어도 종이책과 디지털 기기로 읽었을 때를 비교하면 어휘 습득이나 문장의 이해, 응용력 습득 정도가 달랐으며 종이책으로 독서했을 때 확연히 뛰어났다.

이러한 논문들은 디지털 기기를 통한 독서의 잠재적 단점에 대해 경고한다. 즉, 종이 매체를 이용해 독서하는 편이 현명하다고 주장한다. 형편과 목적에 따라 다를 수 있겠으나, 독서를 통해 지식을 얻고 지식을 습득하며 세상을 보는 눈을 기르고 싶다면 디지털 기기보다 종이책으로 읽는 편을 추천한다. 여러 실험을 통해 검증된 심리학 연구 결과에 따르면 그렇다.

왜 같은 내용인데도 디지털 기기로 콘텐츠를 읽을 때는 종이 매체와 같은 효과를 얻지 못할까?

이쯤에서 재미있는 뇌과학 실험을 하나 소개하겠다. 이 실험에서는 독서 중인 뇌의 활동을 살펴보기 위해 MRI 장치 내에서 신문 기사를 표시한 화면을 피험자에게 보여주고 읽도록 했다. 실험 결과, 심리학 분야의 연구 결과와 달리 디스플레이에 표시한 활자를 눈으로 쫓아가며 읽는 경우에도 피험자의 뇌는 제대로 활동했다.

더 나아가 종이 위의 문자를 읽을 때와 디스플레이에 표시된 문자를 읽을 때 뇌 활동이 어떻게 다른지 조사해본 적도 있다. 정확히 측정하려면 MRI 장치를 이용해야 하지만, 피험자가 좁은 통에 들어가 책을 읽기는 어렵다. 그래서 이 조사에서는 '근적외선 분광법near-infrared spectroscopy, NIRS'을 이용했다. NIRS는 적외선을 이용하여 뇌의 혈류 변화를 계측하는 방법으로, MRI에 비하면 정확도는 떨어지지만 피험자는 자유롭게 움직일 수 있다. 이러한 장치를 통해 살펴보더라도 종이 위의 문자를 읽든 디스플레이에 표시되는 문자를 읽든 뇌 활동에는 큰 차이가 나타나지 않았다.

그런데도 심리학 연구에서 매체에 따라 독서 효과에 차이가 나는 이유는 무엇일까? 이 의문에 대해 심리학자들은 대부분의 디지털 기기가 다양한 기능을 갖게끔 설계되어 있다는 점을 지적한다. 오로지 책을 읽기 위한 목적의 전용 단말기도 있지만, 디지털 기기로 책을 읽는 사람들 중 많은 이들은 일반적인 스마트폰이나 태블릿 PC 등을 이용하여 책을 읽는다. 이러한 범용 단말기는 책을 읽는 것 이외에도 다양한 기능을 지녔으며 항상 인터넷에 연결되어 있으므로 책을 읽을 때 '몰입'이 어려워진다는 것이다.

예를 들어 스마트폰으로 책을 읽는 도중에 메신저 앱에서 알림이 울리면 대부분 독서를 중단하고 먼저 메시지를 보게 된다. 아무리 의지가 강한 사람이라도 주의가 산만해져 '메시지가 온 것 같은데 일단 확인하자'라고 생각한다. 결국 범용 단말기로 인터넷 등 외부와 연결되어 있으면 주의를 집중하기 어려워진다.

이런 식으로 주의가 분산되면 결과는 당연히 좋지 않다. 개인용 컴퓨터가 세상에 나오기 시작한 1980년대부터 이미 많은 심리학자들이 실험 결과를 통해 부정적 영향을 우려해왔다.

독서와 뇌 활동의 관계를 연구하다 보니 작가들과 직접 이야기를 나눌 기회가 종종 있다. 『철도원』을 쓴 아사다 지로나 『나폴레옹광』을 쓴 아토다 다카시와 의견을 나눈 적도 있다. 작가들은 한결같이 종이책을 통한 독서의 우위를 강조했다.

종이책의 또 다른 장점은, 읽는 도중 쉽게 앞부분으로 돌아가 내용을 확인할 수 있다는 점이다. 소설을 즐겨 읽는 사람이라면 이런 경험이 있을 것이다. '이 등장인물이 누구였지?' 하는 의문이 들면, 종이책은 페이지를 넘겨서 해당 인물이 등장하는 부분을 금방 찾고, 다시 원래 위치로 돌아와 독서를 이어나가기 수월하다. 반면, 디지털 기기로 책을 읽을 때는 스크롤을 내리거나 검색해야 하는 번거로움이 있다. 어떤 작가는 이를 두고 "기기를 조작하는 사이에 스토리를 잊어버리게 된다"라고 지적하기도 했다.

또 책의 여백에 메모하면서 책을 읽는다는 작가도 있었다.

그 페이지를 읽었을 때의 감상과 그때 이해한 내용을 적어두고, 책을 다 읽은 후에 메모와 관련된 본문을 다시 읽어본다는 것이다. 이 작업이야말로 독서의 진정한 묘미이며 내용을 깊이 이해할 수 있게 만들어준다고 했다.

이렇게 여백에 메모해가며 책을 읽는 사람은 많지 않겠지만 내용의 이해를 돕는 데는 효과적이다. 활자가 적힌 종이의 여백에 빠르게 메모를 하는 행위 자체가 인간의 심리에 특별한 작용을 하기 때문이다. 독서를 즐기는 사람이라면 시험 삼아 도전해보기를 권한다. 어쩌면 지금껏 경험하지 못한 독서 체험을 할 수 있을지도 모른다.

즐거움이 먼저, 성장은 덤

지금까지 독서와 뇌의 관계에 대해 가레이의학연구소의 연구 결과를 중심으로 여러 사례를 소개했다. 책 읽기가 아이들의 뇌에 미치는 영향에 대해 주로 이야기했지만, 기본적으로는 아이의 뇌는 어른의 뇌든 마찬가지다. 그리고 뇌를 단련하는 법과 몸의 다른 부위를 단련하는 법은 크게 다르지 않다. 전신운동을 하면 건강이 좋아지고 운동능력이 향상되듯이, 독서는 뇌의 전신운동으로 작용하여 필요한 능력을 키우는 데 도움이 된다.

아이들의 뇌를 연구하여 알게 된 사실은 어른들에게도 동일하게 적용된다. 물론 아이들의 뇌가 더 민감하고 취약하므로 외부의 자극에 더 잘 반응하기는 하지만, 어른의 뇌 역시 동일한 반응과 변화를 보인다.

다만 각종 능력과 독서는 기본적으로 별개라는 사실을 염두에 둘 필요가 있다. 독서는 본질적으로 능력 개발을 위한 활동이 아니라 취미이자 여가 활동이다. 독서의 첫 번째 의의는 순수한 즐거움 추구에 있다. 그 즐거움에 더해 인생을 풍요롭게 하는 지적 능력이 따라오는 것, 그것이 바로 독서의 묘미다.

다음 장에서는 뇌를 단련하는 훈련으로서의 책 읽기에 대해 알아보려 한다. 하지만 뇌를 단련시키기 위해 책을 읽자는 발상은 독서의 본질과 방향이 약간 다르다는 사실을 명심하자. 독서는 공부가 아니라 어디까지나 자발적으로 하는 행위여야 하고, 온전히 즐겨야만 비로소 뇌의 전 영역을 자극하고 단련하는 효과를 얻을 수 있기 때문이다.

CHECK POINT

뇌의 전신운동, 독서

독서할 때 사용되는 뇌 영역은?

- 배외측 전전두엽: 뇌의 앞부분, 그중에서도 측면 영역. 무언가를 생각하거나 배울 때 혹은 창조적인 작업을 할 때 활동하기 때문에 '사고하는 뇌'라고 불린다.
- 후두엽: 뇌 뒤쪽에 위치하며, 주로 시각 정보를 처리하는 역할을 한다. 배외측 전전두엽과 함께 책을 읽을 때 활발히 작용한다.
- 측두엽 하현: 뇌 뒤쪽 아래 영역으로, 측두엽에서도 아래쪽에 해당한다. 어휘를 포함한 기억이 이곳에 저장된다.

→ 책을 읽으면 뇌의 전 영역이 활발하게 움직인다!

새로운 발상을 할 때 사용되는 뇌 영역은?

- 브로카 영역: 배외측 전전두엽 아래에 위치하며, 언어를 담당하는 영역이다. 주로 말을 할 때 활성화된다.
- 측두엽 하현: 기억을 담당하는 이 영역도 창조적인 사고에 관여한다.

→ 책을 읽을 때 사용되는 영역에 이 두 영역도 포함된다.
즉, 독서를 통해 창의력이 향상될 수 있다!

뇌를 단련하려면 무슨 책을 읽어야 할까?

- 그림이나 사진이 거의 없는 활자 중심의 책: 시각적인 자극이 적어야 주의가 분산되지 않고, 뇌가 더 효과적으로 활동한다.
- 책의 내용은 중요하지 않다: 장르나 분야와 상관없이 좋아하는 책을 읽는 것이 중요하다. 좋아하는 책을 읽으면 독서 습관을 기르기에도 좋다.
- 종이책을 선택하라: 디지털 매체보다 종이책이 어휘 습득, 문장 이해, 응용력 향상에 더 효과적이다. 디지털 기기를 사용할 때는 주의가 자주 분산되기 때문이다.

제2장

뇌를 변화시키는 소리 내어 읽기의 마법

당신의 뇌를 훈련하는 놀라운 방법

독서는 뇌의 거의 모든 영역을 활성화시키는 종합 운동이다. 1장에서 살펴본 다양한 실험과 조사 결과가 이를 명확히 보여준다. 책을 읽으면 뇌가 광범위하게 활성화되며, 특히 아이들의 뇌 발달을 촉진하고 다양한 능력을 꽃피우는 데 도움을 준다. 더욱 놀라운 점은 성인의 뇌에도 창의성 등 여러 능력을 증진시키는 효과가 있다는 것이다.

뇌과학적 효과를 떠나서 보더라도 책 읽기는 그 자체로 훌륭한 취미다. 동시에 자신에게 잠재력을 끌어내는 일이며, 결과적으로 인생을 풍요롭게 만든다.

이러한 연구 결과를 토대로, 우리는 발상을 전환해보기로 했다. 독서가 뇌를 활성화한다면, 독서를 통한 의도적인 뇌 훈련도 가능하겠다는 생각이 든 것이다. 앞에서 강조한 것처럼 독서는 어디까지나 취미이며 순수한 즐거움을 위한 활동이지만 그 효과를 뇌 훈련에 응용할 수 있지 않을까 하는 아이디어에서 출발했다. 마치 취미로 하는 산책이 건강에 이로운 것처럼, 독서도 트레이닝 형태로 발전시켜 뇌 건강을 효율적으로 관리할 수 있지 않을까 생각한 것이다.

이러한 가정을 바탕으로 우리는 독서를 이용한 트레이닝 방법을 고안했다. 그리고 이를 실제로 실험하고 관찰 및 계측하여 효과를 정량적으로 평가했다. 이번 장에서는 그 연구 결과를 소개하고자 한다.

다만 이 연구 결과를 제대로 이해하려면 뇌와 뇌 연구 기법에 관한 기본 지식이 필요하다. 먼저 기초 지식부터 살펴보자.

당신을 당신답게 만드는 전전두엽의 비밀

먼저 뇌의 구조를 간략하게 살펴보자.

뇌는 단일한 덩어리가 아니라 대뇌와 소뇌, 중간뇌 등 여러 부위로 이루어져 있다. 여기서는 뇌의 대부분을 차지하는 대뇌를 중심으로 살펴보려 한다. 대뇌는 우리가 흔히 '뇌'라고 하면 떠올리는 영역으로, 크게 '전두엽', '두정엽', '측두엽', '후두엽'의 네 부위로 나뉜다.

전두엽은 이마 쪽에 위치하며, 기초적인 역할 중 하나로 신체 운동 지령을 내린다. 두정엽은 대뇌의 윗부분인 정수리 쪽에 있으며 주로 감각 정보를 처리한다. 측두엽은 대뇌의 옆쪽

2-1 뇌의 구조

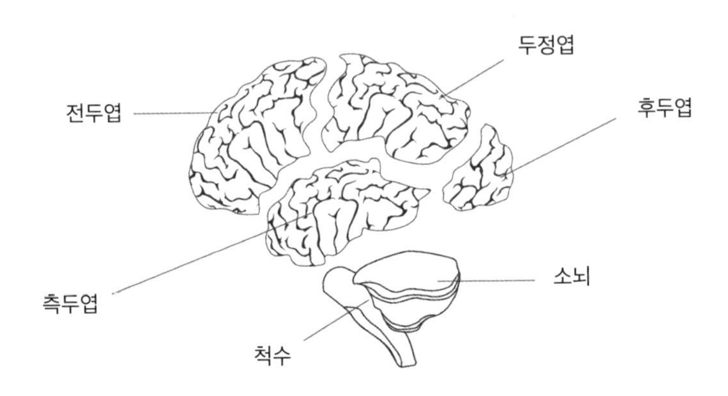

에 있으며 청각 정보를 주로 다룬다. 후두엽은 대뇌의 뒷부분, 즉 뒤통수 쪽에 있으며 주로 시각 정보를 처리한다.

여기서 주목할 점은 뇌가 위치에 따라 전혀 다른 기능을 수행한다는 사실이다. 예를 들어, 전두엽에서도 운동 지령은 뒤쪽에서 담당한다. 그렇다면 전두엽의 앞쪽은 무슨 일을 할까?

전두엽의 앞쪽을 '전전두엽'이라고 부르는데, 다른 동물과 비교하면 인간의 전전두엽은 특히 더 크다. 그런 이유로 예로부터 뇌과학계에서는 전전두엽이 인간을 인간답게 만든다고 여겨왔다.

한때는 사고로 인해 전전두엽 일부가 손상되거나 외과적 수

술로 전전두엽 일부를 절제해도 겉으로는 행동 변화가 없어 '침묵의 뇌'라고 불렸다. 하지만 연구가 진전되면서 전전두엽에 장애가 고차원적인 기능, 즉 '마음의 문제'와 밀접한 관련이 있다는 사실이 밝혀졌다.

사고하는 뇌와 마음의 뇌

우리 안의 두 가지 힘

전전두엽이 담당하는 고차원적인 기능을 더 자세히 살펴보자. 이 영역은 세부적으로 나뉘어 각기 다른 기능을 수행한다. 우리가 주목할 두 가지 핵심 영역은 다음과 같다.

첫 번째는 '배외측 전전두엽'이다. 도표 2-2에 진하게 표시된 영역으로, '사고하는 뇌'로 불린다. 이 영역은 심리학에서 말하는 '메타 인지'를 담당한다. 간단히 말해서 '사고'를 담당하는 영역이다. 뇌를 계측해보면 우리가 무언가를 생각할 때 이 영역이 활성화되는 모습을 볼 수 있다. 구체적으로는 기억하고 학습하며, 현상을 이해하고 추리 및 추측하며, 자신의 감

2-2 전전두엽의 기능 ① '사고하는 뇌'

사고하는 뇌
기억
학습
이해
추리
추측
억제
의도
주의
판단 등

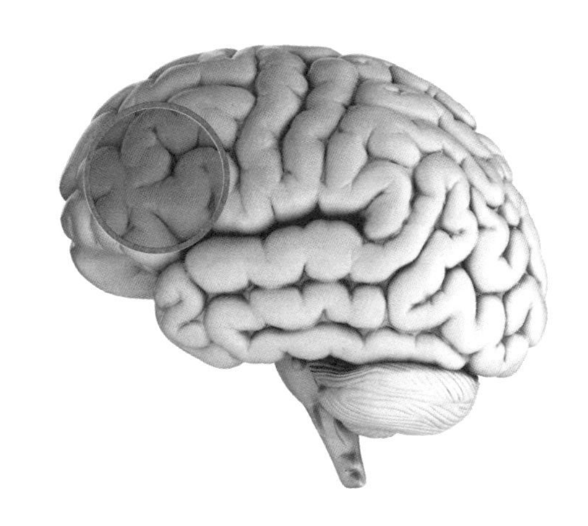

정과 행동을 억제하거나 무언가에 주의를 기울이고 판단하는 등 고도의 인지 기능이 이곳에서 이루어진다.

흥미롭게도 이 영역은 '사춘기 이후'에 크게 발달한다. 다시 말해 뇌의 다른 부분과는 발달 속도가 확연히 다르다. 운동을 하거나, 보고 듣고 만지는 등 감각을 담당하는 뇌는 취학 전까지 어른에 가까운 수준으로 발달하지만 이 배외측 전전두엽은 30세까지 천천히, 그러면서도 역동적으로 발달한다. 대뇌에서도 상당히 특수한 성질을 가진 영역이다.

두 번째는 '배내측 전전두엽'이다. 도표 2-3에서 볼 수 있듯

2-3 전전두엽의 기능 ② '마음의 뇌'

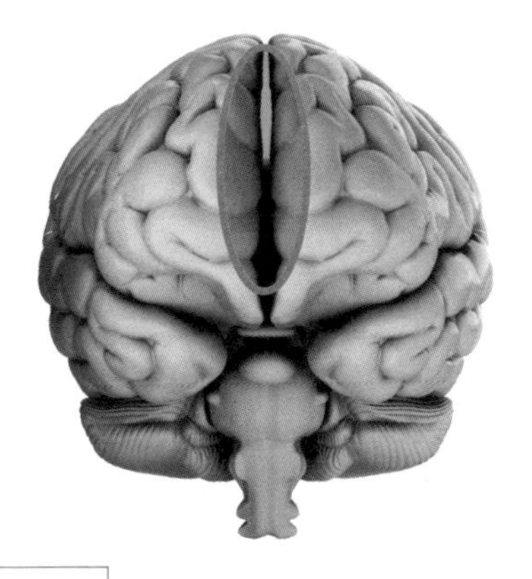

마음의 뇌	…… 다른 사람의 기분과 마음을 배려한다

이 영역은 이마 중앙 안쪽에 자리하고 있다. 이 영역이 담당하는 주된 기능을 한 가지만 꼽자면 소위 '마음의 뇌' 역할이다. 타인의 감정을 배려하거나 자리의 분위기를 파악하고, 표정에서 상대방의 생각을 읽어낼 때 이 영역이 활성화된다.

정신질환과 배내측 전전두엽 기능 사이의 연관성을 조사한 연구에 따르면, 자폐 스펙트럼을 가진 사람은 이 영역의 활동이 상대적으로 낮다고 한다. 자폐 스펙트럼의 주된 증상으로 상대방의 마음을 이해하지 못하거나 장소에 맞는 적절한 행동을 취하지 못하는 경우 등이 있는데, 배내측 전전두엽의 기능과 관계가 있다.

하지만 이러한 차이가 문제가 되는 이유는 현재 사회가 '표준적' 발달을 기준으로 구축되어 있기 때문이다. 만약 사회가 다양성을 더 포용한다면, 이런 차이로 인한 문제는 크게 줄어들 것이다.

이 두 영역의 균형 잡힌 발달은 우리의 인지 능력과 사회적 상호작용 능력을 향상시키는 데 중요하다. 사고력과 공감 능력을 동시에 키우는 것이 현대 사회에서 성공적으로 살아가는 데 필수적이다.

뇌의 발달과 쇠퇴

당신의 선택이 미래를 결정한다

전전두엽에 대해 알아두어야 할 중요한 포인트가 두 가지 더 있다.

첫째, 전전두엽의 기능이 나이가 들면서 서서히 발달한다는 점이다. 태어나서부터 청년기에 이르기까지 우리는 집단생활을 거치며 교육을 통해 '사고하는 뇌'와 '마음의 뇌'를 조금씩 키워나간다. 그리고 이 기능을 잘 활용하여 자신만의 능력을 꽃피우며 활약한다. 우리 이마 안쪽에 자리한 뇌는 이렇듯 사람을 사람답게 만드는 중요한 역할을 한다.

둘째, 나이가 들면 뇌도 기능이 떨어진다는 사실이다. 뇌도 다른 장기와 다르지 않다. 사람은 성장기를 지나 성인이 된 이후에는 나이를 먹으면서 조금씩 근력이 떨어지고 장기와 다른 기관의 기능이 저하한다. 이는 정상적인 현상이며 뇌도 예외는 아니다.

그러나 뇌 기능의 저하는 다른 신체 기능과 달리 노년기 전까지는 본인이 잘 깨닫지 못하는 경우가 많다. 전전두엽을 포함한 뇌 기능은 서서히 감소하지만, 주로 가족이나 주변 사람들이 먼저 인지 기능의 저하나 사회생활의 어려움을 알아차리게 된다.

뇌의 노화는 어린아이의 뇌 상태와 유사한 면이 있다. 어린아이들은 놀이 상대의 기분을 이해하지 못하고 자기 멋대로 행동하며 문제를 자주 일으킨다. 또 무언가를 배우려고 해도 수험 공부하는 학생들처럼 지식을 쑥쑥 흡수하기가 어렵다. 전전두엽 등 뇌의 발달이 미숙하기 때문이다. 노화된 뇌도 비슷한 증상을 보인다.

대표적인 예로, 나이가 들수록 사람은 완고한 성격이 되기 쉬운데 전전두엽의 기능이 약해져 상대방의 마음을 이해하지 못하기 때문이다. 또 주변의 분위기를 살피거나 인내하는 힘이 떨어지므로 쉽게 화를 내기도 한다. 새로운 지식 습득이 어려워지는 것도 전전두엽의 사고 기능 저하로 인한 현상이다. 이처럼 사람의 뇌는 몸과 마찬가지로 발달하고 쇠약해지는 과정을 거친다.

학습 효과를 좌우하는 '사고하는 뇌'의 힘

예전부터 자주 거론되어왔지만 비교적 최근에야 자세히 밝혀진 뇌과학 지식을 소개하겠다.

무언가를 새롭게 배울 때, 같은 내용이라도 비교적 빠르고 쉽게 배우는 사람과 그렇지 못한 사람이 있다. 학습법이나 교육 프로그램이 같은데도 사람마다 습득하는 속도는 모두 다르다. 지식 습득이 유달리 느리거나 끝끝내 익히지 못하는 경우 사람들은 이를 학습 노력 부족으로 치부한다. 정말로 그럴까?

우리 연구진은 뇌과학적 관점에서 새로운 지식을 잘 받아들이고 익히는 조건이 따로 있으리라는 가설을 세우고 연구와 실험을 거듭했다. 그 결과 학습 속도는 뇌의 특정 부위 활성화와 관련이 있다는 사실이 드러났다.

이 연구의 일환으로 우리는 피험자가 새로운 것을 배울 수 있는 프로그램을 제작했다. 단순히 기계적으로 새로운 지식을 습득하는 것이 아니라, 지식들 사이의 새로운 관련성을 피험자 스스로 발견하도록 설계한 프로그램이었다. 충분히 많은 피험자를 확보한 후, 계측 기기를 통해 학습 도중에 뇌가 어떤 상태가 되는지 세밀하게 관찰하고 기록했다. 최근에는 뇌 계측 기기가 다양하게 개발되어 MRI 장치를 이용하지 않고도 생각보다 간단하게 학습 중인 뇌 활동을 살펴볼 수 있다.

실험 후에도 피험자에게 집에서 학습을 계속하도록 한 후, 1~2개월 후 학습 성과를 점검했다. 많은 교육 프로그램이 그렇듯이 이 프로그램 역시 학습 성과가 높은 사람과 그렇지 않은 사람이 있었다. 이러한 차이는 도대체 어디서 왔을까?

분석 결과, 놀라운 사실이 밝혀졌다. 학습 중 좌뇌의 배외측 전전두엽, 즉 '사고하는 뇌'가 강하게 활성화되는 사람일수록 학습 효과가 높았던 것이다. 이는 세계 각지의 다른 연구 결과와도 일치하는 발견이었다.

이 결과는 중요한 시사점을 제공한다. 오른손잡이의 경우,

좌뇌의 '사고하는 뇌'를 자극하는 교육 프로그램을 선택하면 학습 효과가 크게 향상될 수 있다는 것이다. 반대로 열심히 공부하는 데도 학습 성과가 나오지 않는다면 이는 노력 부족이나 머리가 나빠서가 아니라, 자신의 뇌와 교육 프로그램이 잘 맞지 않거나 다른 문제일 가능성이 높다.

그렇다면 학습자의 '사고하는 뇌'를 어떻게 움직이게 할 수 있을까? 바로 이 부분이 교육과 학습의 중요한 포인트다.

게임으로 '사고하는 뇌'를 깨우다

앞에서도 이야기했지만 나는 일찍이 닌텐도의 '두뇌 트레이닝' 게임을 감수한 적이 있다.

'두뇌 트레이닝'은 2005년부터 여러 타이틀이 개발되었는데, 한국에는 〈매일매일 DS 트레이닝〉, 〈매일매일 Nintendo Switch 트레이닝〉 등의 이름으로 발매되었다. 약 20년 전인 2000년대 초반에 도호쿠대학에서 산학협력의 일환으로 고안하고 개발한 게임이다. 당시 대학과 사회의 연계 강화 추세에 따라 진행된 프로젝트였다.

이 게임을 개발하는 과정에서 학습과 뇌 활동의 연관성을 연구한 결과를 다양하게 활용했으며, 실제로 두뇌 트레이닝 게임 애플리케이션을 사용하는 플레이어의 뇌를 실시간으로 측정하여 게임이 배외측 전전두엽을 제대로 깨우는지 확인해 보기도 했다. 근적외선으로 뇌 활동을 측정하는 NIRS 장치를 통해 게임 중인 피험자의 뇌를 계측해 검증을 거듭하면서 '통계적으로 유의미한' 두뇌 트레이닝 게임 애플리케이션을 만들었다.

'두뇌 트레이닝'의 핵심은 플레이어로 하여금 배외측 전전두엽을 적극 사용하도록 유도하는 데 있다. 다시 말해 이 게임을 플레이하면 '사고하는 뇌'가 활성화된다. 이렇게 되면 성장이 끝난 어른이라도 창의성 같은 다양한 능력이 향상될 수 있다. 실제로 많은 플레이어에게서 능력 향상을 확인했다. 뇌과학적 지식을 바탕으로 프로그램을 제대로 개발하면 뇌의 기능을 증진하는 트레이닝이 가능하다는 이야기다.

이 게임의 성공으로 시장에 유사 제품들이 쏟아졌지만, 과학적 검증 없이 출시된 제품들은 문제에 직면했다. 예를 들어, 미국에서는 효과가 입증되지 않은 게임이 미국 식품의약국FDA으로부터 제재를 받기도 했다. 반면 '두뇌 트레이닝'은 지금까지도 판매되며, 그 효과가 지속적으로 입증되고 있다.

'사고하는 뇌'가 제대로 작동하는지 실시간으로 확인하기

학습이 원활히 이루어지려면 학습 중인 뇌, 특히 '사고하는 뇌'인 배외측 전전두엽이 활발해져야 한다. 따라서 이 영역을 활성화하는 학습 프로그램이나 두뇌 트레이닝 프로그램을 이용한다면 학습 효과뿐만 아니라 뇌의 다양한 기능을 더욱 효율적으로 향상할 수 있을 것이다.

하지만 모든 사람에게 똑같이 효과적인 프로그램을 만들기는 쉽지 않다. '두뇌 트레이닝' 게임의 경우, 약 70~80퍼센트의 사람들에게 효과가 있었지만, 나머지에게는 큰 영향을 미치지 못했다. 어쩔 수 없는 일이기는 해도 100퍼센트 효과를 보증하지 못한다는 점이 늘 마음에 걸렸다.

사람들이 무언가를 배울 때 전전두엽이 제대로 활성화되는지 직접 확인할 수 있으면 좋겠다고 생각한 것도 그런 이유에서였다. 이에 도호쿠대학과 히타치하이테크가 공동으로 설립한 벤처기업 뉴NeU에서 개인용 뇌 측정 장치를 개발하기에 이르렀다.

손바닥 크기의 이 장치는 오른손잡이의 경우 왼쪽 배외측 전전두엽, 즉 왼쪽 이마에 대면 '사고하는 뇌'의 활성도를 알 수 있다. 스마트폰이나 태블릿 PC에 장치를 연동하면 데이터가 전송되는데, 이를 확인하면 뇌가 제대로 기능하는지 간단히 확인할 수 있다. 가격도 스마트폰 같은 단말기에 비하면 훨씬 저렴하다.

조만간 이런 종류의 기기로 학습 도중의 뇌를 계측함으로써 지금 사용하는 학습 교재나 프로그램이 자신에게 맞는지 아닌지를 즉시 판단할 수 있을 것이다. '사고하는 뇌'가 제대로 활성화된다면 자신에게 맞는 프로그램이니 계속하면 학습 효과가 나올 것이다. 반대로 맞지 않으면 다른 교재나 프로그램을 찾으면 된다. 자신의 뇌에 맞지 않는 교재나 프로그램으로 인해 학습 효율이 떨어지는 경우를 많이 보았다.

뉴NeU는 한 걸음 더 나아가 AI를 활용한 맞춤형 학습 애플리케이션을 개발 중이다. 이 앱은 사용자의 뇌 활동을 모니터링하며 최적의 학습 프로그램을 추천한다. 초기에 효과적이던 프로그램도 시간이 지나면서 효과가 감소할 수 있는데, 이럴 때 AI가 새로운 프로그램을 제안하는 식이다.

조만간 뇌과학 연구를 바탕으로 학습의 방법에도 큰 변화가 찾아올지 모를 일이다.

뇌의 내부 지도

회백질과 백질의 균형

뇌의 내부 구조에 관해 마지막으로 두 가지만 더 살펴보자.

뇌가 작용할 때는 뇌 안에 있는 신경세포, 즉 뉴런의 네트워크에 전기가 흐른다. 무언가를 골몰히 생각하거나 몸을 생각대로 움직일 수 있는 이유는 이 네트워크에 전기가 정상적으로 흐르기 때문이다.

이 신경세포는 대뇌의 표면에 줄지어 있다. 도표 2-4를 살펴보자. 이는 MRI 사진인데, 수평으로 분할했을 때의 뇌 단면을 살필 수 있도록 촬영한 영상이다. 잘 살펴보면 외측에는 검은 띠 같은 것이 있고, 그 안쪽으로 약간 짙은 회색 띠도 보인

2-4 뇌의 내부 구조

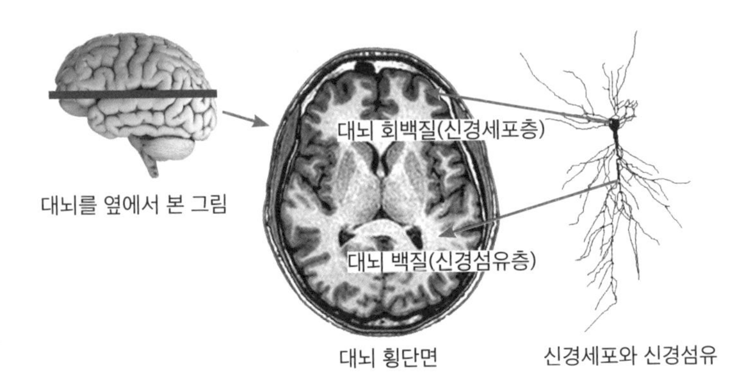

다. 이 회색 부분을 '회백질'이라고 부르는데, 여기에 신경세포가 밀집해 있다.

회백질 안쪽의 하얀 부분은 '백질'이라고 부른다. 이 백질의 정체는 신경세포로부터 이어진 신경섬유다. 즉 신경세포가 흘려보내는 전기가 지나가는 '전선' 역할을 한다. 이 신경섬유를 통해 신경세포 네트워크가 구축되며, 이 네트워크에 전기가 흐르면서 뇌의 다양한 기능이 발현된다.

정리해보면 뇌의 표면에는 신경세포층이 있고, 그 신경세포는 뇌 안쪽의 신경섬유로 이어져 다른 신경세포와 네트워크를 구축한다. 신경세포에서 신경섬유로 전기가 흐르도록 이어져 있는 셈이다.

연구자들이 뇌의 발달 및 노화의 정도를 살펴볼 때는 가장 먼저 회백질의 상태에 주목한다. 회백질이 크고 두꺼우면 뇌가 잘 발달한 것으로, 반대로 얇으면 노화가 진행된 것으로 본다. 또한 백질의 네트워크가 제대로 형성되어 있는지도 중요한 판단 기준이다. 네트워크가 서로 잘 이어져 확장되어 있는지 혹은 단선이 많은지 살펴보면서 뇌의 발달과 노화 정도를 평가한다.

소리 내어 읽기로 두뇌 능력을 극대화하기

뇌의 기본 구조와 기능을 살펴보았으니 이제부터 본론으로 들어가보자.

의도적으로 책을 읽음으로써 뇌를 단련할 수 있을까? 독서와 뇌 활동의 연관 관계를 조사하면서 새롭게 부상한 의문이었다. 앞서 살펴보았듯 책을 읽는 행위가 뇌의 전 영역을 효율적으로 활성화시킨다면 '이를 응용하여 뇌의 건강을 증진할 수 있지 않을까?' 하고 생각한 것이다.

이 연구에서는 단순한 묵독(눈으로만 읽기)을 넘어 음독(소리 내어 읽기)의 효과에 주목했다. 일견 두 방식이 비슷해 보일 수

2-5 신문 기사를 음독 중인 뇌의 활동

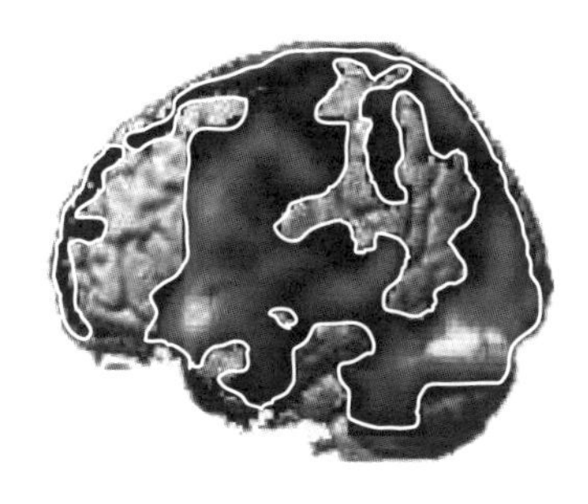

좌측에서 본 뇌

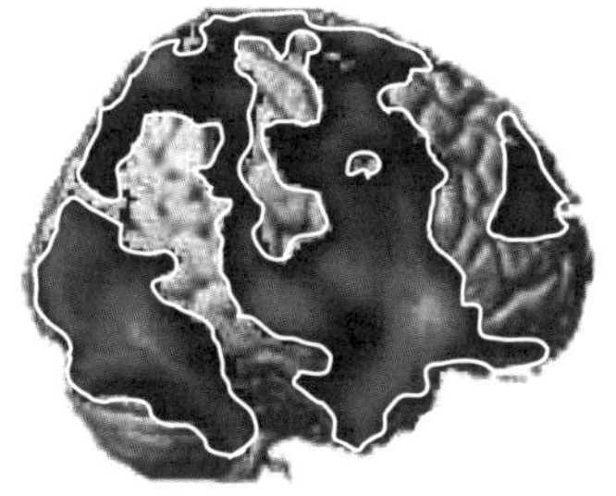

우측에서 본 뇌

있지만, 실험 결과는 놀라웠다. 측정 결과, 문자를 눈으로만 읽을 때와 소리 내어 읽을 때 뇌가 다르게 움직인다는 사실이 드러난 것이다.

묵독은 눈으로 문자를 보고 그 내용을 뇌의 기억을 저장고에 일시적으로 담으면서 의미를 이해하는 과정이다. 반면 음독은 눈으로 본 문자를 입으로 말해야 하므로 단순히 문자를 볼 뿐만 아니라 이를 소리로 내기 위한 변환 작업도 거쳐야 한다. 또한 눈으로 본 문자의 정보를 소리 내어 말하는 과정에서 그 정보를 다시 귀로 들을 수도 있다. 정보의 내용은 같더라도 뇌의 관점에서 보면 눈으로 들어오는 정보, 입과 목을 움직일 때 사용하는 정보, 소리가 되어 다시 귀에 들어오는 정보가 있으니 뇌를 다각도로 자극하는 셈이다.

실제로 MRI 장치를 사용하여 문자를 소리 내어 읽게 했을 때 측정한 뇌 활동 양상이 도표 2-5다. 이때는 신문 기사를 텍스트로 사용했다. 1장에서 나온 묵독을 할 때의 뇌 상태와 비교해보자. 움직이는 장소는 대체로 비슷하지만 더 넓은 장소가 활성화되어 있다. 즉, 더 많은 대뇌 영역을 사용하고 있음을 알 수 있다.

이러한 발견은 독서 방식의 전환을 통해 뇌 훈련 효과를 극대화할 수 있음을 보여준다. 단순히 책을 읽는 것을 넘어, 소리 내어 읽음으로써 우리는 뇌의 여러 영역을 동시에 자극하고 발달시킬 수 있다.

기억력의 혁명

소리 내어 읽기로 10년 젊어지는 뇌

묵독 중인 뇌와 음독 중인 뇌의 활성화 수준의 차이를 발견한 뒤, 성인인 피험자의 협조를 얻어 새로운 실험을 설계했다. 성인도 글을 소리 내어 읽으면 뇌의 전신운동을 경험하는지, 만약 그렇다면 어떤 변화가 일어나는지 살펴보기 위함이었다.

이 실험에서는 피험자에게 약 600~800자 분량의 글을 소리 내어 읽도록 했다. 일시적인 반응을 살피는 데서 그치지 않고 장기적인 효과를 알아보기 위해 매일 비슷한 분량의 글을 음독해달라고 요청했다. 같은 내용을 여러 날 반복해서 읽기보다는 새로운 내용을 계속 접할 수 있도록 실험 일수만큼의 콘

2-6 단어 기억 테스트

다음의 단어를 2분 동안 가급적 많이 외워보세요.

누름돌	고래	머리	바람	뒤
동료	가위	물고기	북	힘
신비	전기	귤	기계	너구리
눈빛	시계	쥐	담배	아이
여우	맨얼굴	세계	미소	지네
분노	울림	토끼	바지락	쐐기

텐츠를 준비했다. 동시에 주말마다 기억력 테스트를 실시했다.

일반적인 성인은 나이가 들면서 기억력 저하를 우려한다. 실제로 나이가 들면 기억력이 쇠퇴한다는 인식이 널리 퍼져 있다. 기억력 테스트를 실시함으로써 음독을 통해 이와 관련해 어떤 변화가 나타나는지 살펴보고자 했다.

이전까지는 책을 읽는 행위와 기억력 수준 사이에는 별다른 관계가 없다고 여겨져왔다. 그러므로 만약 책을 소리 내어 읽는 행위를 통해 기억력이 개선된다면, 이는 독서 활동과 기억력 간의 직접적인 연관성을 밝혀내는 새로운 발견인 셈이다.

학습을 하면 실제로 배운 내용과는 관계없이 인지력이 좋아지는 경우가 있다. 이를 '전이transfer 현상'이라고 부르는데, 뇌

2-7 단어 기억 테스트의 결과

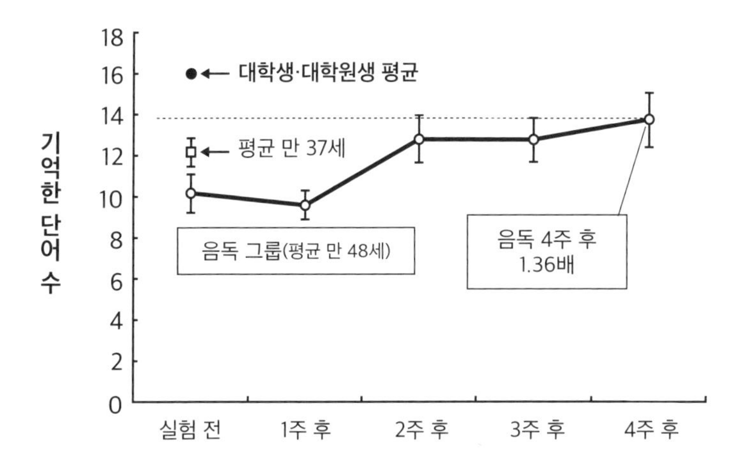

연구를 위한 실험에서 종종 나타나는 현상이다. 우리는 이러한 효과가 책을 소리 내어 읽을 때도 발견될지 궁금했다.

우리가 설계한 기억력 테스트는 간단한 단어 30개를 2분 동안 외우는 것이었다. 먼저 도표 2-6을 2분 동안 눈여겨보고, 2분이 지나면 종이를 덮고 기억한 단어를 떠올린다.

실험에 참여한 사람들의 평균 연령은 만 48세로, 책을 소리 내어 읽는 트레이닝을 시작하기 전에 테스트에서 외운 단어 수는 평균 10개였다. 비교를 위해 평균 연령 만 37세 그룹을 대상으로도 기억력 테스트를 실시했는데, 이 비교군은 평균 12개의 단어를 기억했다. 도호쿠대학에 재학 중인 대학생과 대학원생을 대상으로 같은 테스트를 실시했을 때는 평균 16개를 기억했다. 예상대로 젊을수록 기억력이 더 뛰어났다.

그 후 평균 연령 만 48세 그룹에게만 책을 소리 내어 읽는 트레이닝을 진행하고 주말마다 단어 기억 테스트를 실시했다. 그 결과를 정리한 그래프가 도표 2-7이다. 처음 1주 후에는 변화가 보이지 않았지만, 2주부터는 기억력 향상이 분명히 나타났다. 4주 후에는 평균적으로 14개의 단어를 기억했다. 이는 평균 연령 만 37세 그룹을 뛰어넘는 성적으로, 열 살 이상 젊은 사람보다도 기억력이 좋아진 것이다.

이 실험의 가장 큰 포인트는 따로 기억력 트레이닝이나 단어 학습을 한 것도 아닌데, 기억력 향상과 무관해 보이는 음독이라는 활동만으로도 뇌의 기억력이 좋아졌다는 사실이다. 그야말로 전형적인 전이 현상이라고 할 수 있다.

정리하자면 소리 내어 책을 읽는 행위는 뇌가 전신운동을 하게 만들며 노화를 경험하고 있는 성인이라도 음독을 통해 뇌의 기능, 최소한 기억력을 향상시킬 수 있다는 뜻이 된다.

치매 증상을 되돌리는 최고의 처방

우리 연구소에서는 치매에 걸린 고령자들의 인지 기능을 개선하기 위한 프로그램을 개발하고 있다. 그 중심에는 독서를 활용한 인지 기능 향상 프로그램이 있다.

이 프로그램의 대상자는 알츠하이머형 치매 진단을 받고 증상이 중도에서 중증도까지 진행된 환자들(요양 시설 입소자)이다. 물론 치매의 증상이 어느 정도 진행된 환자들에게 긴 글을 읽게 하기는 어려워서, 대신 짧은 글을 음독하거나 간단한 단어를 소리 내어 읽도록 했다. 이러한 프로그램을 일주일에 5일씩 실천하는 것을 목표로 진행했다.

이 프로그램의 효과는 실로 놀라웠다. 알츠하이머형 치매 환자들의 인지 기능이 향상된 것이다! 증상의 진행이 멈춘 정도가 아니라, 점차 쇠퇴할 수밖에 없는 인지 기능이 오히려 회복되었다. 이 변화를 실제로 눈앞에서 보았을 때 놀라지 않을 수 없었다.

미국에서 알츠하이머형 치매 환자들을 대상으로 같은 프로그램을 실시하자 동일한 현상이 나타났다. 글을 소리 내어 읽는 행위는 건강한 사람이든 치매 증상이 있는 알츠하이머 환자든 똑같이 뇌의 인지 기능을 향상시켰다. 특정한 단어를 읽어야 한다거나 특정한 인종에만 한정되지도 않았다. 우리 연구진은 이 놀라운 결과를 논문으로 정리해 2005년, 2008년, 2015년에 각각 발표했다.

주목할 점은, 기존의 어떤 약물도 알츠하이머 치매 환자의 인지 기능을 개선하지 못했다는 것이다. 약물로는 기능 저하 속도를 늦추는 것이 최대 효과였다. 최첨단을 달리는 의학이라도 여기까지가 한계인 셈이다. 그런데 돌봄 현장에서 돌보미의 지원을 받아 글을 읽음으로써 뇌를 사용하는 프로그램을 실시하자 약물을 복용했을 때와는 비교도 안 될 만큼 큰 효과가 나온 것이다. 일련의 연구가 그 사실을 증명하고 있다.

즉, 음독은 비용이 거의 들지 않는 강력한 치매 예방법이자 치료법이라 할 수 있다. 치매가 걱정되는 사람뿐만 아니라 건강한 사람들에게도 이 간단하면서도 효과적인 방법을 적극 권장한다.

매일 2분, 뇌를 깨우는 음독 습관

소리 내어 책을 읽으면서 뇌를 활성화하는 활동은 교육 현장에서는 오래전부터 이루어져 왔다. 국어 수업에서는 오래전부터 학생들이 소리 내어 책을 읽게 지도했고, 일본에서는 최근 아침 수업 시작 선에 책을 음독하는 학교도 늘어났다. 이러한 학교에서는 1~2교시에 걸쳐 아이들의 집중력이 향상되었다는 보고가 많다.

우리는 이 현상을 음독을 통한 '뇌의 워밍업 효과'라고 부른다. 공부를 시작하기 전에 소리 내어 읽기 등의 활동을 통해 뇌를 전체적으로 한번 예열하는 것이다. 이렇게 워밍업을 거치면 이후의 학습이 더 원활히 이루어진다. 실제 실험을 통해 효과가 입증된 방법이다.

TV 게임으로도 효과를 얻을 수 있는지 확인해보고자 실험을 진행했다. 피험자에게 일정 시간 동안 TV 게임을 하도록 한 후 기억력을 테스트했다. 실험 결과, 테스트 전에 TV 게임을 한 피험자는 게임 전보다 성적이 떨어졌다. 책을 소리 내어 읽을 때와는 반대 결과가 나온 것이다. 다양한 실험 데이터와 현장의 보고를 종합하면 음독을 통한 뇌의 워밍업 효과는 확인된 것으로 본다.

다만 이때 뇌 속에서 정확히 어떤 일이 일어나는지에 대해서는 아직 밝혀지지 않았다. 현상은 분명히 존재하지만 그 메커니즘은 아직 해명되지 않은 것이다. 그렇더라도 음독이 뇌 기능을 활성화한다는 사실은 틀림없으므로 이를 잘 활용하면 이후의 학습 효과를 높일 수 있다. 이 효과는 뇌가 한창 발달 중인 아이들뿐만 아니라 대학 입시 준비생이나 각종 자격증 공부를 하는 성인들에게도 적용된다. 음독을 통해 학습 효과를 크게 높일 수 있다.

매일 공부하기 전에 2분만 글을 소리 내어 읽어보자. 음독이 뇌에는 일종의 준비 운동으로 작용하여 이후 본격적으로 공부할 때 뇌가 전력을 다해 움직일 수 있는 상태가 된다. 집중력이 높아지고 학습 속도가 향상되므로 학습 효과도 자연스레 올라간다.

또한 음독을 매일 반복하면 전이 현상도 기대할 수 있다. 즉, 기억력 같은 뇌의 인지 기능을 음독으로 향상할 수 있다면 뇌가 더 학습하기 쉬운 쪽으로 변화한다. 결과적으로 학습 목표에 빨리 도달할 수 있을 것이다.

음독은 긴장 완화에도 도움이 된다. 실험에 참여한 피험자 중 과도한 긴장 상태에 있던 사람들의 뇌를 계측한 결과, 뇌 혈류량이 감소한 상태가 포착되었다. '머릿속이 새하얘진' 상태였다. 그러나 음독 후에는 뇌 전체의 혈류량이 증가해 뇌가 활성화되었다. 그러니 많이 긴장될 때 음독을 시도해보면 좋다. 시험이나 발표, 면접, 비즈니스 미팅 등 중요한 자리를 앞두고 긴장되는 상황에서는 시작하기 전에 글을 소리 내어 읽어보자. 긴장으로 얼어붙지 않고 본래의 능력을 발휘하기 수월할 것이다. 장소에 따라서는 소리를 내기 힘든 곳도 있다. 그럴 때는 묵독이라도 좋으니 책이나 신문을 펼쳐 마음속으로 소리 내듯 읽어보자.

아이들에게는 이러한 독서법 외에도 "시험이 시작되면 일단 문제의 지문을 빨리 읽어보라"라고 조언한다. 일단 문장을 읽는 행위가 중요하기 때문이다. 글을 빠르게 읽으면 뇌를 더 쉽게 활성화할 수 있다는 사실이 실험을 통해 밝혀졌다. 실제로 이 조언을 들은 아이들로부터 "시험 중 긴장이 조금 풀렸다"라는 이야기를 자주 듣는다.

긴장 완화 효과를 논문으로 발표하기는 어렵다. 실험을 위해 피험자에게 긴장 상태를 강요하는 일이 윤리적으로 문제가 되기 때문이다. 재현이 어렵기 때문에 제대로 된 데이터를 얻기 힘들지만, 이 책으로 간단하게나마 결과를 공유할 수 있어서 다행이다.

CHECK POINT

두뇌를 훈련시키는 소리 내어 읽기

전전두엽이 수행하는 고차원적인 기능이란?

- 인간은 다른 동물보다 전전두엽이 크다. 사람을 사람답게 만드는 핵심 구조 중 하나다.
- 배외측 전전두엽: 전전두엽 바깥쪽 영역. 기억, 학습, 이해, 추리, 추측, 억제, 의도, 주의, 판단 등의 기능을 수행한다. 뇌의 대부분의 영역은 약 7세가 되면 성인에 가까운 수준으로 발달하지만 배외측 전전두엽은 사춘기 이후부터 30세까지 천천히 발달하며 학습에 중요한 역할을 한다.
- 배내측 전전두엽: 이마 중앙 안쪽 영역. 다른 사람의 기분을 알아차리는 등 타인을 배려하고 공감대를 형성할 때 활성화되는 영역이다. '마음의 뇌'라고 불린다.

뇌의 발달 정도를 어떻게 판단할까?

- 대뇌는 회색빛을 띠며 신경세포가 촘촘하게 들어서 있는 '회백질'과 신경섬유로 구성된 '백질'로 나뉜다.
- 회백질이 두꺼울수록 뇌가 잘 발달한 것이며, 얇아지면 노

화가 진행 중이다. 또한 백질의 신경섬유 네트워크 역시 뇌의 발달 및 노화 수준을 판별하는 기준이 된다.

어떻게 뇌 활성화 훈련을 할 수 있을까?

- 묵독 vs 음독: 눈으로만 읽을 때보다 소리 내어 읽을 때 훨씬 더 많은 뇌 영역이 활성화된다.
- 기억력 향상: 48세 성인을 대상으로 매일 600~800자의 글을 소리 내어 읽게 했더니 한 달 후 기억력이 40퍼센트 향상되었다.
- 치매 환자에게도 효과: 알츠하이머 치매 환자들도 소리 내어 책을 읽으며 인지 기능이 회복되는 현상을 보였다. 이는 어떤 약물로도 얻기 힘든 효과다.
- 2분 정도로도 집중력과 긴장 완화: 공부 전이나 긴장될 때 2분간 소리 내어 읽으면 뇌가 활성화되어 집중력이 높아지고 긴장도 완화된다. 매일 반복하면 인지 기능과 학습 효과가 더 향상된다.

제3장

관계를 깊게 만드는 책 읽어주기의 기술

아이의 정서 지능을 높이는 책 읽어주기의 힘

책을 읽는 방법에는 묵독이나 음독 외에도 '읽어주기'라는 방법이 있다. 부모가 자녀에게 그림책 등을 소리 내어 읽어주는 경우가 대표적이다. 그런데 실험을 통해 이러한 책 읽어주기가 아이의 뇌 발달에 큰 영향을 준다는 사실이 밝혀졌다. 우리 연구팀도 책 읽어주기에 관해 뇌과학적 관점에서 다양한 연구를 진행했으며, 그 결과를 토대로 '읽어주기'의 효과를 소개하고자 한다.

발달심리학에서는 책을 읽어주면 부모와 자녀 간의 애정이 깊어지고 관계가 돈독해진다거나, 아이들의 지적 능력 발달에 도움이 된다는 주장이 오래전부터 있었다. 음독이나 묵독이 뇌에 영향을 준다면 아이에게 책을 읽어주는 행위도 뇌에 영향을 줄 수 있지 않을까? 그래서 우리는 책을 읽어줄 때 부모와 자녀의 뇌 활동을 조사하는 실험을 진행하기로 했다.

이 실험에서도 근적외선을 이용하는 NIRS 장치를 통해 책을 읽어주는 부모와 자녀의 뇌를 실제에 가까운 상황에서 측정했다.

우선 책을 읽어줄 때 부모의 뇌를 살펴봤다. 책을 읽어주는 독서 활동은 부모가 글을 보면서 소리 내어 읽음으로써 아이에게 들려주는 과정을 거친다. 이때 책을 읽어주는 부모에게 초점을 맞추면 이 행위는 사실상 음독에 가까우므로, 우리는 실험 전에 책을 읽어주는 부모의 경우 '뇌 내 언어 영역이 가장 강하게 반응할 것'이라는 가설을 세웠다.

하지만 실험을 통해 얻은 데이터는 예상과 달랐다. 측정 결과, 책을 읽어주는 활동을 할 때 가장 크게 활성화된 영역은 배내측 전전두엽이었다. 이는 사고하는 뇌나 언어의 뇌가 아니라 '마음의 뇌'가 가장 크게 반응하고 있음을 의미한다. 대체 어떻게 된 일일까?

우리는 책을 읽어주는 도중에 부모가 아이의 기분이나 마음

상태를 깊이 생각하거나 상상하기 때문일 것이라는 결론을 내렸다. 이 과정에서 부모의 시선이 어떻게 움직이는지 조사하지 않았지만, 책의 글자만을 보는 데 그치지 않고 아이의 모습을 세밀하게 살펴보았으리라 추측된다. 부모에게 책을 읽어주는 활동의 본질은 책을 통해 아이의 마음에 가까이 다가가는 일일 테니 말이다.

그렇다면 이 과정 중에 아이의 뇌 활동은 어떠했을까? 발달심리학에서는 책을 읽어주면 아이의 언어능력이 향상된다고 한다. 우리 연구진 역시 책을 읽어주면 아이의 '청각과 언어에 관련된 영역이 강하게 반응할 것'이라는 가설을 세웠다. 하지만 이 역시 빗나갔다.

실험 데이터를 보면 흥미롭게도 청각이나 언어능력을 담당하는 뇌의 표면 영역, 즉 대뇌피질에는 커다란 반응이 나타나지 않았다. 대뇌피질만 보면 반응이 너무 약해서 반응한 장소를 특정하기가 어려울 정도였다. 그렇다면 책 읽는 소리를 듣는 아이의 뇌에서는 어떤 일이 일어나고 있었을까? 연구진은 MRI 장치를 사용해 뇌의 심부 활동까지 조사해보았다.

이 실험에서는 먼저 부모가 책을 읽어주는 모습을 비디오로 촬영했다. 읽어주는 책은 아이가 특별히 좋아하는 것으로 골

랐다. 아이는 MRI 장치 속에서 자신의 부모가 책을 읽어주는 영상을 보도록 하고 이어폰을 통해 음성을 들을 수 있도록 설정했다. 다만 유아를 대상으로 한 실험이었기에, 피험자를 장치에 오래 들어가 있게 할 수 없는 것이 문제였다. 계측 시간이 짧으면 뇌 활동 신호와 노이즈를 분리하기가 어려워지기 때문이다. 이 문제를 해결하고자 짧은 시간 내에도 뇌 활동을 제대로 계측할 수 있도록 추가적인 방법을 고안해야 했다.

이러한 준비를 마친 뒤 아이의 뇌 활동을 다시 계측했다. 하지만 이번에도 대뇌피질에는 큰 반응이 보이지 않았다. 그렇다면 어느 영역에서 강한 반응이 나타났을까? 뇌를 전반적으로 살펴본 결과 가장 크게 반응한 영역은 대뇌 깊숙이 자리한 뇌라는 사실을 알 수 있었다.

뇌의 표층에 자리한 대뇌피질은 인간을 포함한 영장류 등 고등 포유류에게서만 찾아볼 수 있는 특징적인 부위지만 대뇌 깊은 곳에 있는 변연계는 다른 동물에게서도 나타난다. 그래서 '원시 뇌'라고도 불린다. 변연계는 복합적인 심리생리학적 상태인 정동affect이나 감정을 처리하기에 감정과 본능의 원천으로 여겨져 '감정의 뇌'라고도 불린다. 부모가 책을 읽어줄 때 아이들의 뇌를 살펴보면 변연계, 즉 감정을 처리하는 뇌가 매

3-1 아이의 '마음의 뇌'를 함양시키는 책 읽어주기

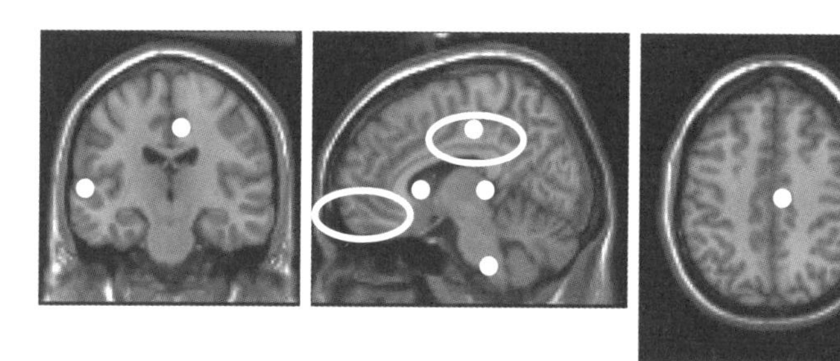

변연계 …… 감정이나 정동과 관련된 뇌와 '마음의 뇌'에 반응

우 강하게 반응하는 모습을 볼 수 있었다.

정리하자면 책을 읽어주는 행위는 단순한 독서가 아니라, 부모에게는 마음의 소통을 추구하는 일이며 아이들로서는 부모의 말을 들으며 설레고 두근거리며 정동과 감정이 요동치는 순간이다. 책을 읽어주는 독서는 '마음과 마음이 만나는 장'을 만드는 활동이라고 할 수 있다.

부모와 자녀의 뇌를 하나로 만드는 비밀

책 읽어주기는 부모와 자녀의 마음과 마음이 만나는 활동이다. 그렇다면 부모와 자녀의 배내측 전전두엽, 즉 '마음의 뇌'가 어떻게 움직이는지 세밀하게 살펴보면 지금까지 놓치고 있던 새로운 사실을 발견할 수 있지 않을까? 우리는 배내측 전전두엽에 초점을 맞추어 책을 읽어줄 때 부모와 자녀의 '마음의 뇌'가 어떤 상태가 되는지 정밀하게 계측해보았다.

부모가 자녀를 무릎 위에 앉히고 그림책을 읽어줄 때 양측 '마음의 뇌' 활동을 계측했다. 예상대로 부모와 자녀의 '마음의 뇌'가 모두 활성화되는 모습이 관찰되었다. 놀라운 사실은 이

때 부모와 아이의 뇌 활동 및 활성화 정도가 동기화된다는 점이었다. 어떤 활동을 하든 뇌의 활성도는 시간이 지나면서 오르락내리락하므로 데이터를 뽑으면 완만한 파도 형태를 그린다. 이 파도가 책을 읽어줄 때 부모와 자녀 간에 동기화되는 현상이 나타난 것이다.

뇌 활동의 동기화 현상은 비단 우리 연구팀뿐만 아니라 다른 여러 연구를 통해서도 관측되었다. '마음의 뇌'의 동기화 현상은 자신과 상대방이 무언가에 공감할 때나 서로 마음과 마음이 연결되어 있다고 느낄 때 발생하며, 과학적으로 검증된 현상이다. 그러므로 우리의 뇌 계측 결과는 책을 읽어주는 활동이 '부모와 자녀의 공감의 장'이라는 사실을 밝혀낸 것이다.

그렇다면 책 읽어주기를 실천할 경우 부모와 자녀에게 구체적으로 어떤 변화가 생길까? 이 차이를 알아보기 위해 평소에 책을 거의 읽어주지 않는 부모와 자녀 41쌍의 협조를 받아 8주 정도 가정에서 책을 읽어주는 실험을 진행하고, 책 읽어주기 활동 전후로 아이에게 어떤 변화가 나타나는지, 부모와 자녀의 관계가 어떻게 달라지는지 알아보았다.

아이의 경우, 전반적으로 언어를 다루는 능력이 나이에 비해 높아졌다. 사용하는 어휘 수가 증가하고 언어를 다루는 능력도 통상적으로 발달한 아이에 비해 더 뛰어났다. 듣는 힘, 즉 청각적 이해 역시 나이에 비해 크게 향상했다. 발달심리학 연구자들의 주장이 뇌과학적 관점에서도 옳다고 증명된 셈이다. 책 읽어주기는 아이들의 언어능력과 듣기능력을 증진할 수 있다. 심리학적으로도 뇌과학적으로도 명확한 사실이다.

이 실험에서 특히 주목할 만한 점이 있다. 실험 전후에 부모를 대상으로 실시한 설문조사에서 아이들의 문제 행동이 감소했을 뿐 아니라, 부모의 육아 스트레스도 줄었다는 사실이 밝혀진 것이다.

육아 스트레스 수준을 측정하는 방법에 대해서는 세계적으로 통용되는 표준 설문조사 방법이 있으며, 아이들의 항우울 경향을 묻는 문항 등 아이의 행동을 다각도에서 파악하는 질문으로 구성되어 있다. 이 표준 설문조사를 실시하고 그 결과를 분석하니 아이들의 문제 행동을 평가하는 종합점수가 통계적으로 감소한 사실을 발견할 수 있었다. 게다가 책을 읽어준 양에 따라 아이들의 문제 행동이나 육아 스트레스 수준도 비례하여 감소한다는 관계성 또한 도출되었다.

아이들의 문제 행동과 부모의 육아 스트레스가 구체적으로 어떻게 줄었을까? 설문조사에 대한 응답을 상세히 살펴보니 아이의 기분 변화와 산만함, 자극에 민감하게 반응하는 일 등이 줄었다고 한다. 또한 아이가 새로운 상황에 쉽게 적응하는 등의 변화도 엿보였다. 아이의 행동 변화로 인해 결과적으로 부모의 육아 스트레스가 감소한 것이다.

문제 행동이 줄어드는 마법의 책 읽어주기

부모가 모두 맞벌이로 바쁜 가정에서는 아이에게 책을 읽어줄 시간을 확보하기가 쉽지 않다. 실제로 강연을 통해 책 읽어주기의 효과를 강조해도 "하고 싶지만 바빠서 어렵다", "시간이 없어서 힘들다"라는 반응을 자주 접한다. 일을 마치고 퇴근해 집으로 돌아오면 이미 저녁 시간이다. 시간은 한정되어 있으니 눈앞에 닥친 육아와 집안일만으로 벅찰 수밖에 없다. 그런 상황에서 추가로 다른 활동을 하기란 현실적으로 쉽지 않다.

하지만 우리 연구소에서 실시한 실험과 조사 데이터를 종합해보면 짧은 시간이라도 아이에게 책을 읽어주었을 때 육아가

편해진다는 사실을 분명히 알 수 있었다. 매일매일 할 일에 치여 바쁘더라도 조금만 시간을 내면 부모와 자녀 모두가 편안하게 생활할 수 있는 것이다.

발달심리학에서는 아이에게 책을 읽어주는 행위를 통해 부모와 자녀의 애착 관계가 강화되기 때문에 부모의 육아 스트레스가 줄어든다고 해석한다. 아이의 '안전기지secure base'가 형성되어 마음이 안정되기 때문에 문제 행동이 줄어들고 부모의 스트레스가 감소한다고 설명하기도 한다.

안전기지는 발달심리학 용어로, 유치원이나 어린이집 등에서 스트레스를 받은 아이들이 집으로 돌아와 가족에게 안기면 스트레스가 해소되고 기분이 전환되는 현상이 대표적이다. 책을 읽어주면 아이들은 부모와의 관계를 안전기지로 인식해 마음의 안정을 유지할 수 있다. 부모와 자녀의 유대관계가 강하면 아이가 밖에서 기분 좋지 않은 일을 경험해도 집에 돌아와 부모 곁에서 안심하고 평소의 생활로 돌아갈 수 있다는 이야기다. 안전기지가 있는 아이는 불안이나 스트레스에 휘둘리지 않고 일상을 보낼 수 있다.

아이가 유치원이나 어린이집에 다니기 시작하면 초기에 칭얼대고 보채는 경우가 있다. 집에서는 부모가 아이를 특별하게 대해주지만, 유치원이나 어린이집에 들어가서 또래 아이들과 지내면 상황이 달라지기 때문이다. 비유하자면 왕자나 공주처럼 대접받다가 평민의 지위로 갑자기 떨어지는 것과 같은 상황이라고 할 수 있다. 당연히 스트레스를 느낄 수밖에 없다.

다만 갑작스럽게 환경이 바뀌더라도 가정에서 부모와 자녀의 애착이 제대로 형성되어 있으면 차차 새로운 환경에 적응하고 활발하게 지낼 수 있다. 유치원이나 어린이집에서는 스트레스를 심하게 느껴도 집에 돌아오면 기분이 전환된다는 사실을 알기 때문이다. 이것이 부모와 자녀 사이에서 형성되는 안전기지의 효용이다.

아이들이 집에서 울고 소동을 피우는 등 문제 행동을 일으키는 가장 큰 이유는 '나를 봐줘'라고 호소하기 위함이다. 만약 아이들이 '내게는 안전기지가 있어'라고 느낀다면, 가족들이 자신을 제대로 돌봐주리라는 생각에 안심한다. 그래서 무슨 일이 있어도 '나를 좀 봐줘'라며 억지로 떼를 쓸 필요가 없다. 가정 내에서 부모와 자녀의 애착에 기반한 안전기지가 형성되면 아이가 집에서 기분이 상할 이유가 없다.

아이의 산만함이 줄어들거나 자극에 덜 민감하게 반응하는 것도 아이의 마음이 안정되고 스트레스에 강해지기 때문이다.

이렇듯 아이가 가정에서 안정을 얻으면 결과적으로 떼를 쓰거나 칭얼거리는 일도 줄어들어 육아가 수월해진다.

나아가 이러한 안전기지를 가진 아이들은 타인에 대한 불안도 줄어들기 때문에 가족 이외의 사람과도 신뢰 관계를 구축하기 쉽다. 유치원이나 어린이집, 학교에 가서도 선생님을 믿고 활동할 수 있으니 좋은 관계를 구축하게 되고, 결과적으로 교육의 혜택을 받기 쉬우며 능력을 발휘하기도 수월하다. 또한 사회에 나가서도 타인과 신뢰 관계를 쉽게 구축한다는 장점이 있다.

그렇다면 아이로 하여금 이러한 안전기지를 구축하게 하려면 어떻게 해야 할까? 그 구체적인 실천 방법 중 하나가 바로 매일 책을 읽어주는 행위다. 우리의 실험에서는 책 읽어주기를 꾸준히 실천한 많은 가정에서 안전기지의 효용이 나타난 것으로 확인되었다.

본격적으로 실험을 실시하기 전에 피험자인 부모들에게 "아이에게 매일 책을 읽어주세요" 하고 부탁하자 거의 전원이 "시간상 어렵다"는 반응을 보였다. 다소 무리한 일이었지만 실험이니 어떻게든 한 달만 지속해달라고 부탁하여 진행한 일이다. 그런데 막상 실험이 시작되니, 그중 상당수가 실험 기간 중 변화에 대해 메일로 연락을 주었다. "우리 아이가 내게 무엇을 원하는지 잘 알게 되었다", "아이와의 유대가 강화된 느낌이 든다"는 이야기와 함께 감사 인사를 전한 부모도 많았다.

일주일에 3번, 하루 10분의 기적

책 읽어주기는 아이들의 마음을 안정시키는 안전기지를 구축하는 데 기여한다. 우리는 이러한 사실을 뇌과학 및 심리학 실험을 통해 증명해냈다.

그렇다면 이러한 효과를 얻으려면 책을 얼마나 읽어주어야 할까? 실험 데이터를 보면 책을 읽어주는 시간이 길어질수록 스트레스가 줄어드는 경향을 엿볼 수 있다. 따라서 시간이 허락하는 한 부모에게 과도한 부담이 되지 않는 선에서 되도록 많이, 자주 책을 읽어주는 것이 가장 좋다.

책을 읽어줄 시간을 충분히 확보하기 어렵다고 좌절할 필요는 없다. 핵심은 책 읽어주기의 효과가 나오느냐 마느냐의 분기점이 책을 읽어주는 시간의 유무에 달려 있다는 것이다. 즉, "하느냐 하지 않느냐"의 문제다. 꼭 매일 하지 않더라도 혹은 단 몇 분이라도 아예 책을 읽어주지 않는 것보다는 낫다. 책 읽어주기를 통해 짧은 시간이나마 부모와 자녀의 '마음의 뇌'가 동기화되면 육아 스트레스도 줄어들 것이다.

실험 데이터에 기반하면 매일 10분씩 책을 읽어줄 때 확실하게 애착 관계가 강화되고 육아 스트레스가 감소하는 경향이 나타났다. 시간적인 문제로 아이에게 매일 책을 읽어주기가 힘들다면 '일주일에 3일, 한 번에 10분'을 목표로 삼아보자. 그것만으로도 책 읽어주기의 효과를 얻을 수 있을 것이다.

아이에게 책을 읽어주는 독서법은 아이의 뇌를 활성화하는 데 매우 효과적이다. 시작해보면 처음에는 힘들지 몰라도 아이들은 행복해한다. 게다가 아이들에게는 말을 배우고 정동 및 감정을 풍부하게 만들 기회이기도 하다. 초반에는 집중하지 못하거나 산만하게 굴 수도 있지만 책 읽어주기를 계속하다 보면 아이들이 매일 책을 읽어달라고 할 것이다. 그럴 때는 시간과 체력이 허락하는 범위에서 응해주기를 바란다.

자녀에게 책을 읽어주는 일 자체가 부모 입장에서 스트레스로 여겨진다면 발상을 전환해보자. 아이에게 정기적으로 책을 읽어줘야 한다고 해서 반드시 정해진 한 사람이 계속 책을 읽어줄 필요는 없다. 주위에 도움을 줄 수 있는 가족이 있다면 이를 분담해도 된다. 시간대 역시 자유롭게 고르면 된다. 꼭 잠들기 전이 아니라도 좋고, 여러 어른이 다양한 시간대에 책을 읽어주어도 괜찮다. 그래도 책 읽어주기의 효과는 있다.

여기까지 설명하면 어떤 책을 읽어주어야 좋을지 작품이나 종류를 묻는 경우가 많다. 그러나 이 역시 특별히 정해진 바는 없다. 책 읽어주기의 주된 목적은 학습이나 능력 개발이 아니라 부모와 자녀가 마음으로 소통하면서 아이에게 안전기지를 구축해주는 것이기 때문이다. 그러니 무엇이든 아이가 좋아하는 책을 읽어주면 된다. 똑같은 책을 반복해서 읽어도 괜찮다. 아이가 싫어하는 책을 읽어주기보다는 좋아하는 책을 여러 번 읽어주는 편이 효과는 더 좋다. 아이 스스로 여러 가지 책에 흥미를 보인다면 도서관 등에서 다양한 책을 빌려서 읽어주자. 아이들의 흥미와 관심, 성격, 발달 단계에 맞는 책을 고르는 것이 중요하다.

책을 읽어주는 방식도 아이에게 맞추자. 아이가 즐거워하며 듣는다면 어떤 식으로 읽어도 좋다. 억양이나 완급을 조절하며 감정을 살려도 좋고, 스토리를 잘 이해할 수 있도록 천천히 읽어도 좋다. 아이의 모습을 잘 살피면서 함께 책 읽는 시간을 즐기는 것이 최고다. 때로는 책을 읽는 도중에 아이가 다음 페이지로 책장을 넘기고 싶어 하는 경우도 있다. 그럴 때는 다음 페이지부터 읽어주면 된다. 거듭 강조하지만 아이에게 책을 읽어주는 활동은 책의 내용이나 스토리를 외우고 공부하게 하기 위함이 아니다. 책을 통해 아이와 교감하는 것이 가장 큰 목적이라는 사실을 기억하자.

또 책 읽어주기를 지속하다 보면 성장한 아이가 책의 내용을 이해하고 기억하여 부모나 주위의 어른에게 이야기하기도 한다. 만 4~5세부터 볼 수 있는 현상이다. 글을 제대로 읽지 못하는데도 책의 내용을 기억하고 이야기하는 모습에 놀랄 수도 있지만, 책을 읽어주다 보면 자주 경험하는 일이다.

아이들이 이러한 모습을 보일 때는 부모나 주위의 어른들이 마지막까지 아이의 이야기를 진지하게 들어주기를 바란다. 그리고 이야기가 끝나면 조금 과장되게 보일 정도로 기뻐하자. 칭찬할 필요는 없다. 자신의 이야기를 들은 부모나 어른들이 기뻐하는 모습을 보이는 것만으로도 충분하니 말이다.

이때는 책을 읽어주는 사람과 듣는 사람이 서로 바뀌는 순간이다. 아이는 그 자체로 새로운 일에 도전하고 있는 것이니, 그에 대해 긍정적인 반응을 얻으면 책을 읽는 일이 자신뿐만 아니라 다른 사람도 행복하게 한다는 경험을 쌓을 수 있다. 이러한 경험을 반복하면 아이는 학령기에 들어서도 스스로 책을 찾아 읽게 된다. 이렇듯 책 읽어주기는 다른 사람을 행복하게 해주는 기쁨을 아는 일이자 뇌 전체를 단련하는 독서 습관을 기르는 길이기도 하다.

애니메이션 vs 책

아이의 '마음의 뇌'를 발달시키는 법

책을 읽어줄 때의 효과는 그 매체가 반드시 책일 때로만 한정되는 걸까? 부모와 자녀의 '마음의 뇌'의 동기화는 꼭 책이 아니라 영상이나 다른 미디어를 통해서도 생길 수 있지 않을까? 육아를 하는 부모라면 동기화와 관련해 추가적인 질문을 던질 법도 하다. 하지만 다양한 케이스를 연구해온 경험에 기초하면, '마음의 뇌'의 동기화는 책을 읽어줄 때 가장 활발하게 나타나는 것 같다.

애니메이션 같은 영상 콘텐츠를 부모와 아이가 함께 보는 경우를 예로 들어보자. 아이를 키우다 보면 애니메이션 같은 영상을 보다가 부모도 덩달아 신이 나서 아이와 같은 감정을 공유하며 감상하는 경우가 있다. 물론 그런 시간을 공유하는 일도 때로는 필요하다. 책을 읽어주어야 한다는 강박에 휩싸이면 부모도 금세 지쳐버릴뿐더러, 책만으로는 접할 수 없는 경험도 있기 때문이다. 하지만 뇌 활성화 측면에서 보면 책을 읽어줄 때와 같은 효과는 없다고 보아야 한다.

아이와 부모 사이에 뇌 활동의 동기화가 일어날 때 중요한 문제는 정보가 어디에서 어디로 흐르는가 하는 점이다. 부모가 아이에게 책을 읽어주는 경우, 문자로 된 정보가 부모의 말을 통해 아이에게로 흐르고 아이는 그 정보에 반응하여 표정을 변화시키며, 그 표정의 변화가 다시 부모에게 피드백된다. 그러면 부모는 그에 맞추어 문자 정보를 전달하는 표현에 더 애를 쓴다. 다시 말해 책 읽어주기는 일방적인 정보 전달이 아니라 부모와 자녀 간에 정보 교환이 매우 밀접하게 이루어지는 행위다.

반면에 영상 콘텐츠를 시청하는 경우, 부모와 자녀가 영상을 감상하며 같이 놀라고 웃고 울어도 기본적으로 서로 간에 오가는 정보는 없다. 같은 시간과 감정을 공유하고는 있지만 커뮤니케이션의 밀도는 매우 낮다.

이를 방증하는 실험 데이터도 있다. 서로 모르는 타인인 피험자들에게 영상 콘텐츠를 같이 보게 하고 이때의 뇌 활동을 계측하는 실험을 실시한 적이 있다. 타인과 영상 콘텐츠를 함께 볼 때 '마음의 뇌'가 어떻게 움직이는지 알아보기 위함이었다. 영화관에서처럼 같은 공간에서 영화를 볼 때 혹은 공개 상영 같은 상황에서 모르는 사람끼리 모여 같은 영상을 볼 때 사람들의 마음에 어떤 변화가 일어나는지 조사하고자 했다.

결론부터 말하자면 데이터상으로 '마음의 뇌'가 동기화되는 현상은 나타나지 않았다. 분명히 모두가 같은 영상을 보고 같은 타이밍에 함께 웃었지만 감상자 사이에는 공감이 거의 일어나지 않았다. 부모와 자녀를 대상으로 조사한 실험은 아니므로 이 데이터가 엄밀한 근거라고 할 수는 없지만, 앞의 실험 결과를 기초로 유추해보면 부모와 자녀 간에도 영상 콘텐츠 시청은 공감을 일으키지 못할 것이다.

조금 다른 이야기지만, 영상이 아니라 연극이나 스탠드업 코미디 같은 라이브 공연을 볼 때는 관객 사이에 공감이 생기기 쉽다고 한다. 라이브 공연은 연기자가 관객을 강하게 의식하고 행동하므로 관객 역시 이에 반응하여 표정이 변화하며 그 변화가 연기자에게 전달된다. 이 과정에서 관객 사이에도 일체감 같은 것이 생겨난다. 이때 관객의 뇌를 계측했더니 같은 장면이나 타이밍에서 '마음의 뇌'의 활동이 동일하게 변화하는 동기화 현상을 관찰할 수 있었다.

여러 실험 결과를 종합하면 집에서 TV나 DVD, 유튜브 등의 영상을 시청하기보다는 연극 같은 공연을 감상하는 편이 부모와 자녀의 공감을 높일 수 있다는 결론에 이르게 된다. 아이와 함께 영화를 볼지 연극을 볼지 망설여진다면 작품의 완성도는 제쳐두고 연극을 고르는 편이 자녀와의 공감을 높일 가능성이 크다. 과도한 추측일지도 모르지만, 같은 맥락에서 호감이 가는 상대와 데이트를 한다면 영화보다는 연극이나 코미디 라이브 현장에 가기를 권한다.

요즘은 영화관에 갈 필요 없이 PC나 스마트폰으로도 영상을 볼 수 있다. 시간과 공간의 제약 없이 언제 어디서든 많은 영상에 접근할 수 있다. 그전까지 몰랐던 세계나 자세히 알고 싶었던 일을 생생하게 볼 수 있다는 점에서 동영상 사이트의 장점은 분명하다. 목적에 맞게 이용한다면 큰 효용을 얻을 수 있을 것이다.

그럼에도 가성비 측면에서는 매우 떨어지지만 어떤 장소에 찾아가서 실물을 보았을 때만 생성되는 공감이 존재한다는 사실을 잊어서는 안 된다. 영상을 보면 쉽고 간단하게 가상 체험을 할 수 있는데도 사람들은 적지 않은 돈을 들여 굳이 콘서트장을 찾는다. 고생하면서도 멀리까지 찾아가는 이유는 그곳에 가면 평소에 얻기 힘든 경험을 할 수 있다는 사실을 알기 때문이다. 특히 같은 장소에 있는 다른 사람과 서로 연결되어 있다는 느낌을 받을 수 있다는 데서 긍정적인 의미를 찾는 것이다.

책을 이용한 활동 중 '낭독'에 관해 짧게 덧붙여보고자 한다. 낭독과 관련된 실험은 아직 진행한 바가 없어 데이터를 바탕으로 한 논의를 진행하기는 어렵지만, 경험적으로 보면 낭독에도 뇌 활동과 관련해 특별한 부분이 있다고 본다.

이전에 『은하철도의 밤』을 쓴 일본의 국민 작가 미야자와 겐지의 작품 낭독을 들을 기회가 있었다. 단순히 책을 소리 내어 읽는 정도가 아니라 전문 낭독가가 책을 읽어주는 공연에 가까운 자리였는데, 활자로만 읽었을 때는 보이지 않았던 미야자와 겐지의 세계관이 머릿속에 생생하게 그려지면서 소름이 돋았던 기억이 난다. 그야말로 원시적인 '정동의 뇌'가 움직인 순간처럼 느껴졌다. 이에 관해서도 더 자세한 실험을 설계해 연구해볼 예정이다.

현대에 '마음의 뇌'를 동기화할 수 있는 장소를 우리는 얼마나 많이 보존할 수 있을까? 어쩌면 인터넷의 시대가 된 오늘날 이야말로 더욱 그런 장소가 필요할지 모른다.

커뮤니케이션 능력을 높이는 책 읽어주기의 놀라운 효과

부모가 자녀에게 책을 읽어주는 독서 활동은 오래전부터 이어져 내려왔다. 일반적으로 언어능력 등을 발달시키기 위해 책을 읽어주는 경우가 많지만, 실험 데이터를 보면 알 수 있듯이 활동은 아이의 '마음의 뇌'를 활성화하는 데 매우 효과적이다. 또한 아이의 발달에 좋은 영향을 줄 뿐만 아니라, 부모의 육아 스트레스 역시 줄여준다는 사실 역시 실험을 통해 밝혀낼 수 있었다.

현대인은 정보가 넘쳐나는 세상을 살고 있는데, 정보량이 적고 전달 속도도 느린 책 읽어주기가 뇌 발달을 더욱 강하게 촉진한다는 점이 신기할 따름이다. 최근 들어 아이든 어른이든 스마트폰을 휴대하는 것이 일상이 되면서 의식과 시선이 늘 손안의 작은 화면을 향하게 되었다. 그로 인해 바라든 바라지 않든 온갖 정보가 우리 주변을 떠다니고 있으며 이를 처리하는 것만으로도 벅찬 상황이다. 이러한 경향은 SNS의 보급으로 더욱 심해졌다.

책 읽어주기를 강력히 권하는 이유 중 하나는 아이 주위의 부모를 포함한 어른들이 하나같이 바빠서 아이와 제대로 마주하는 시간이 줄어들고 있기 때문이다. 어린아이를 키우는 가정을 잘 살펴보면 부모가 아이들과 함께 어떤 활동을 하거나 교감을 나누면서 시간을 보내는 일이 드물다. 집안일에 바빠 아이들에게 스마트폰이나 태블릿 PC를 쥐여주고 아이가 영상을 보는 사이에 집안일을 처리하는 부모도 적지 않다. 혹은 일이 끝나고 퇴근한 후에 육아와 집안일로 바쁜데도 인터넷이나 SNS에 몰두하는 경우도 많다.

지금까지 뇌 발달을 연구하기 위해 다양한 실험을 진행하며 아이를 키우는 부모들을 접할 기회가 많았는데, 점점 부모와 자녀 간에 애착 관계가 형성되기 어려워지고 있다는 생각이 든다. 옛날도 지금도 부모는 자녀를 사랑하며 시간을 낼 수만 있다면 그 대부분을 아이에게 쓰려고 하지만, 하루에 10분씩 책 읽어주기조차도 현실적으로 힘든 실정이다.

이런 시대이기에 더욱 의식적으로 부모와 자녀가 밀접하게 교류하는 시간을 만들어야 한다. 적은 시간이라도 괜찮다. 어떤 방법이라도 좋으니 자녀에게 책을 읽어주자. 소리 내어 책을 읽어주는 독서법은 뇌과학적 관점에서 보았을 때 자녀의 뇌에 좋은 효과를 가져온다. 특히 타인의 마음을 상상하는 힘을 함양시켜준다.

인간은 사회적인 동물이다. 아무리 독립적인 사람이라도 혼자서 살아갈 수는 없으며, 결국 많은 사람이 모여 있는 사회의 구성원으로 살아가야 하는 운명을 지고 있다. 그러기 위해서는 타인과 관계를 구축해야 한다. 장차 사회의 구성원이 될 아이에게는 타인과 관계를 맺을 수 있는 힘이 필요하다.

아이가 사회의 일원으로 살아가기 위해 타인과 관계를 맺는 힘을 얻는 곳은 결국 가정이다. 가족과의 커뮤니케이션이 이러한 관계를 구축하는 힘의 기초가 된다. 그런데 정작 가족 안에서조차 이런 커뮤니케이션이 이루어지기 힘든 사회가 되어가고 있다. 거의 모든 사람이 개인 디지털 기기를 보유하게 되면서 저마다 다른 흥미와 관심을 충족시키는 데 초점을 맞춘

서비스가 급속히 증가했으며, 자신만 행복하면 그만이라는 사고방식이 매우 강해졌다. 그래서인지 이제는 가정 내에서도 가족 공동체보다는 '개인'이 더 중시되고 있다.

그러다 보니 육아를 할 때도 가족 구성원 모두가 스마트폰에 몰두하는 경우가 많다. 타인과 마음과 교류하는 법을 배우는 장소인 가정부터가 그저 '개인'이 모여 있는 장소로 변하고 있는 것이다. 지금 아이들이 이대로 자란다면 다른 사람과의 관계를 제대로 구축하기 힘들어질 것이고, 결국에는 크나큰 사회적 문제로 돌아올지도 모른다. 이러한 상황에서 자녀에게 책을 읽어주는 행위는 '개인'이 아닌 타인과의 '유대'를 강화하는 활동이 된다.

다음 장에서는 스마트폰 등의 디지털 기기를 자주 사용하는 상황에 대해 뇌과학의 관점에서 설명하고자 한다. 책도 스마트폰도 내용을 전달하는 매체에 불과하므로 어느 쪽을 통해서든 모두 글을 읽을 수 있지만, 두 경우에 뇌에 미치는 영향은 완전히 다르다는 사실을 알 수 있을 것이다.

CHECK POINT

감성 지능을 키워주는 책 읽어주기

아이의 '마음의 뇌'를 길러주고 정서를 함양하려면?

- 부모가 아이에게 책을 읽어줄 때, 부모는 '마음의 뇌'인 배내측 전전두엽이, 아이는 '감정의 뇌'인 변연계가 활성화된다.
- 책 읽어주기는 부모와 아이가 감정과 마음을 나누는 시간으로, 아이는 이를 통해 안정감을 느끼고 불안이나 스트레스를 줄일 수 있다. 그 결과, 아이의 문제 행동이 줄어들고 부모의 육아 스트레스도 감소한다.
- 일주일에 3번, 하루 10분씩만 책을 읽어줘도 부모와 아이 간의 정서적 유대가 깊어진다.
- 반드시 부모가 책을 읽어주어야만 하는 것도 아니다. 시간이 된다면 어느 보호사든 책을 읽어주는 편이 좋다.

아이에게 무슨 책을 읽어주면 좋을까?

- 책 읽어주기는 공부가 아니라 교감을 위한 일이다.
- 책의 내용과 장르 등에 구애받을 필요 없이 아이가 좋아하는 책을 고르면 된다.

- 아이가 싫어하는 책을 읽어주기보다는 좋아하는 책을 여러 번 읽어주는 편이 좋다.
- 만 4~5세가 되면 아이가 책 내용을 기억하고, 스스로 책을 읽어주기도 한다. 이때는 아이의 이야기를 진지하게 들어주고, 과장되게 기뻐해주는 것이 좋다.
- 핵심은 정보의 흐름이다. 부모가 책을 읽어줄 때는 양방향 소통이 일어나지만, 영상이나 애니메이션은 함께 시청하더라도 부모와 자녀 간의 정보 교류가 적기 때문에 같은 효과를 기대하기 어렵다.

제4장

뇌 건강을 위협하는 스마트폰의 실체

스마트폰이 당신의 뇌를 잠재우고 있다

예전에는 전철을 타면 신문이나 책을 읽는 사람들을 종종 볼 수 있었다. 하지만 요즘은 맞은편 좌석을 보면 거의 모두가 손바닥만 한 스마트폰 화면을 보고 있다. 이런 현상을 무작정 개인의 잘못이라고 탓할 수만도 없다. 현대 사회에서 스마트폰이나 태블릿 PC 등의 디지털 기기는 이미 필수품이나 다름없기 때문이다.

그렇다면 스마트폰이나 태블릿 PC를 사용하고 있을 때 우리 뇌는 어떻게 움직일까? 책을 읽을 때와 같거나 비슷하게 활동할까? 우리 연구소는 디지털 기기를 조작할 때의 뇌를 살펴보는 실험을 오랫동안 진행해왔다. 스마트폰이 보급되기 전부터 말이다.

2000년대 초, 닌텐도의 게임 〈매일매일 DS 두뇌 트레이닝〉을 개발하는 과정에서 게임을 할 때의 뇌 활동을 조사했는데, 나는 여기서 흥미로운 현상을 발견했다. 화면의 크기에 따라 뇌 활성화 정도가 달라진다는 점이었다. 큰 화면으로 영상을 볼 때와 작은 화면으로 볼 때 뇌의 활동이 현저히 달랐고, 작은 화면일수록 뇌의 반응이 약했다.

당시 실험에는 여러 가지 기기를 이용했는데, 그중에서는 태블릿 PC 화면이 가장 작았다. 스마트폰이 널리 상용화되기 전이었다. 그런데 그 정도 크기의 화면으로 이미지나 영상을 보여주자 피험자의 뇌 활동이 매우 미약하게 나타났다. 이것으로 유추해보면 모바일 게임기 같은 작은 화면으로는 '사고하는 뇌'인 전전두엽의 활동을 크게 자극하지 못한다는 결론을 내릴 수 있었다.

왜 작은 화면에서는 뇌가 활발히 반응하지 않을까? 메커니즘은 아직 정확히 밝혀지지 않았지만, 실험을 통해 작은 화면이 뇌 활동을 억제한다는 사실만큼은 분명해졌다.

스마트폰이 널리 보급된 건 2005년에 발매된 '두뇌 트레이닝' 게임이 히트한 이후의 일이다. 그런데 스마트폰은 우리가 실험에 사용했던 태블릿 PC보다도 디스플레이 크기가 훨씬 작다. 그리고 스마트폰이 보급된 이후 어른이든 아이든 할 것 없이 작은 화면으로 게임을 하거나 영상을 보는 새로운 생활 습관이 나타났다. 우리는 그러한 변화를 감지하고 스마트폰을 이용할 때 배외측 전전두엽의 '사고하는 뇌'는 어떤 상태인지 다시 한번 알아보기로 했다.

실험을 설계한 후 다양한 상황에서 스마트폰을 사용할 때 전전두엽의 활동을 알아보았다. 예상대로 뇌는 거의 활동하지 않았다. 특히 스마트폰으로 영상을 볼 때 배외측 전전두엽은 거의 활동하지 않았고, 심지어는 아무것도 하지 않고 멍하게 있을 때보다 활성도가 낮았다. 신기한 일이었다. 스마트폰을 사용해서 영상을 보면 정보처리 작업을 거의 하지 않고 멍하니 있을 때보다도 뇌 활동이 떨어지는 것이다. 스마트폰 사용이 뇌 활동을 억제한다는 사실은 매우 흥미로운 결과였다.

뇌가 멈추는 순간

스마트폰과 게임이 우리에게 주는 영향

뇌가 억제되는 현상은 스마트폰을 사용할 때 외에도 곳곳에서 나타났다. TV로 게임을 할 때가 대표적이다. TV로 게임을 할 때 뇌가 활성화하는 정도를 살펴보면 같은 현상을 빈번하게 관찰할 수 있었다. 또한 TV로 DVD 등 각종 영상을 볼 때도 동일하게 뇌 활동이 저하하는 현상이 나타났다.

더 눈여겨볼 사실은 학습과 관련된 콘텐츠라도 스마트폰이나 TV로 보여주면 배외측 전전두엽의 '사고하는 뇌'의 활동이 저하한다는 점이다. '사고하는 뇌'의 활동이 높아질수록 학습 효과가 높아지므로, 관건은 '사고하는 뇌'의 활동을 얼마나 끌

어울리느냐에 달려 있다. 이 사실에 따르면 TV나 디지털 기기를 통한 학습은 '사고하는 뇌'의 활성도를 떨어트리므로 학습 효과를 기대하기 어렵다는 결론이 나온다.

이런 식으로 배외측 전전두엽의 '사고하는 뇌'가 활동이 저하되는 경우는 TV를 보거나 게임을 할 때 외에도 더 있다. 과거 산학협력 과정에서 진행했던 다양한 실험에서도 유사한 결과가 나왔다. 특히, 마사지를 받을 때도 비슷한 현상이 나타났다. 마사지를 받는 동안에 배외측 전전두엽의 활동이 눈에 띄게 줄어든 것이다.

마사지를 받으면 몸과 마음이 동시에 풀리며 기분이 좋아지는데, 이때 '사고하는 뇌'의 활동 역시 둔화된다. 다만, 마사지사가 지나치게 힘을 가해 약간의 통증을 느끼게 되면 이러한 현상이 사라진다는 점도 확인했다.

우리 연구소는 TV나 스마트폰으로 영상을 보거나 게임을 할 때, 뇌가 이완되어 '사고하는 뇌'인 배외측 전전두엽 활동이 떨어진다는 결론을 내렸다.

이 결론이 다소 의외로 느껴질 수 있다. 콘텐츠에 따라서는 영상을 보며 마음이 두근거리기도 하고 때로는 울고 웃느라 감정이 크게 요동치는 경우도 있기 때문이다. 그러니 경험적으로는 뇌가 활발히 움직이고 있는 것처럼 느껴질 수 있지만, 실제로 조사해보면 이때 대부분의 뇌 활동은 억제되어 있음을 관찰할 수 있다. 내용에 따른 차이도 거의 없다. 놀라운 일이지만 격렬한 게임이나 자극적인 영화를 봐도 뇌의 활성화 수준은 멍하게 있을 때보다 낮았다.

재미없는 게임이 오히려 뇌에 좋은 이유

지금까지 소개한 실험 결과만을 두고 보면 '두뇌 트레이닝' 게임 또한 결국은 '사고하는 뇌'의 활성도를 저하하는 것은 아닌가 하는 의심이 들 수 있다. 이 점에 대해서는 2장에서 이미 언급했지만, '두뇌 트레이닝' 게임은 배외측 전전두엽을 활성화시키는지 여부를 확인해가면서 개발을 진행했다. '사고하는 뇌'가 활성화되도록 프로그램을 설계하고, 의도한 대로 제대로 작용하는지 확인을 거듭한 후에야 시장에 출시했다. 거듭 말한 것처럼 뇌과학의 주된 실험 및 연구 대상인 오른손잡이를 기준으로 학습이 원활히 이루어지려면 왼쪽 배외측 전전두엽을 사용하게 만들어야 한다. '두뇌 트레이닝' 게임은 이 왼쪽 배외측 전전두엽을 활성화시킨다는 철칙을 준수하며 개발되었다.

이 게임의 실제 개발 과정을 간략하게 소개하면 이렇다. 먼저 연구팀에서 프로그램을 설계한 뒤, 이를 기초로 닌텐도에서 시제품을 만들었다. 그러면 연구소에서는 그 게임을 실제로 플레이하는 사람들의 뇌 활동을 계측하며 효과가 있는지를 확인하고 개선해나갔다. 아쉽게도 첫 시도에서는 다른 TV 게임과 마찬가지로 뇌 활동이 억제되는 현상이 발생했다.

우리는 어떻게 하면 뇌 활동이 억제되지 않는 프로그램을 만들 수 있을지 거듭 검토했다. 그리고 게임의 다양한 파라미터parameter, 즉 변수를 여러 번 조정하면서 그 방법을 고심했고 결국 핵심에 도달했다.

웃지 말길 바란다. 실험을 거듭한 결과 우리 연구팀이 찾아낸, 게임으로 뇌 활동을 활성화하는 방법이란 게임에서 즐거움이라는 요소를 빼는 것이었다. 게임이 재미없을수록 뇌 활동은 더욱 활발해졌다. 말장난 같은 이야기라고 생각할 것이다. 재미 요소를 제거한 게임을 과연 게임이라고 할 수 있을까? 농담처럼 들리겠지만 그것이 게임으로 뇌를 활성화하는 유일한 방법이었다.

연구팀은 이 연구를 바탕으로 진지하게 그런 게임을 만들어 보기로 마음먹었다. 게임을 산 사람이 '그냥 돈값 하네'라고 여길 수준으로 시시한 게임을 만들겠다고 말이다. 이렇게 해서 통계적으로 70~80퍼센트의 사람들의 '사고하는 뇌'를 움직이게 하는 게임을 개발하여 세상에 내놓을 수 있었다. 그것이 바로 닌텐도의 '두뇌 트레이닝' 시리즈다.

뇌과학적으로 이 게임의 특징을 한 마디로 압축하면, 다른 게임을 플레이할 때는 거의 움직이지 않는 전전두엽을 어떻게든 활성화시키기 위한 게임이라고 할 수 있다. 그때까지 이런 의도로 개발된 게임이나 두뇌 트레이닝 프로그램은 없었다. 시장에서 전례를 찾아보기 힘든 획기적인 게임이었다.

이 '두뇌 트레이닝' 게임이 출시되고 크게 히트를 치자, 유사제품이 속속 등장했다. 하지만 게임을 플레이할 때 '사고하는 뇌'의 활성화 정도를 검증하지 않고 개발된 제품이었고, 결과적으로 학습 효과를 인정받지 못해 모두 시장에서 자취를 감추었다. 이처럼 어떤 기기와 프로그램을 이용해 '사고하는 뇌'의 활동을 효과적으로 향상시키기란 쉬운 일이 아니다. 심지어 작은 화면의 디지털 기기를 이용한다면 더욱 그렇다.

뇌를 살리는 최고의 필기법

스마트폰은 이제 단순한 전화 기능을 넘어 영상 시청, 인터넷 검색, SNS 등 수많은 활동을 할 수 있는 다목적 도구가 됐다. 그렇다면 똑같이 스마트폰을 사용하더라도 영상을 보는 대신, 다른 활동을 하면 뇌를 더 활성화할 수 있을까? 예를 들어, 긴 글을 작성하면 논리적으로 사고해야 하니 배외측 전전두엽, 즉 '사고하는 뇌'가 활성화될 가능성도 있지 않을까?

이러한 가설을 바탕으로 우리는 피험자에게 스마트폰을 이용해 조금 긴 메일을 써달라고 요청했다. 이때의 뇌 활동을 계측한 결과를 도표 4-1로 정리했다.

4-1 스마트폰으로 메일을 작성할 때 전전두엽 활동

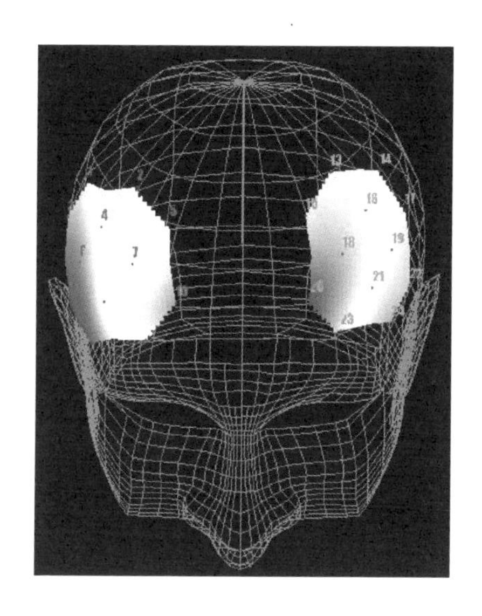

오른손잡이의 경우, 긴 글을 작성하려면 배외측 전전두엽의 좌측인 '언어의 뇌'를 사용해야만 한다. 그런데 실험 데이터를 보면 배외측 전전두엽 영역의 뇌 혈류에는 큰 변화가 없었다. 도표 4-1의 배외측 전전두엽 영역을 보면 전반적으로 하얀 색을 띠는 모습을 볼 수 있다. 만약 해당 부위가 활발하게 활동하고 있었다면 이 영역이 짙은 색으로 나타났을 것이다. 즉, 두드러지는 뇌 활동이 없었다는 뜻이다. 의외의 결과가 아닐 수

없었다. 이는 스마트폰을 사용해 무슨 일을 하든 대체로 전전두엽의 활동이 억제되고 큰 변화가 없음을 의미한다.

우리는 지금도 스마트폰을 항상 들고 다니며 조금이라도 시간이 나면 화면을 보느라 바쁘다. 인간관계는 물론이고 쇼핑, 업무, 오락, 학습 등 많은 활동을 스마트폰으로 하도록 습관화되어 있다. 앞으로 우리의 뇌는 어떻게 될까? 학자로서 순수하게 호기심이 일면서도 한편으로는 큰 사회문제가 되지 않을까 우려스럽기도 하다.

종이에 직접 손으로 글을 쓸 때는 뇌 활동이 활성화된다. 쓰는 활동과 뇌의 연관성에 관해서는 도쿄대학의 뇌생리학자 사카이 쿠니요시 교수가 적극적으로 연구하고 있는데, 그에 따르면 컴퓨터나 스마트폰 같은 디지털 기기를 사용해 기록할 때보다 손으로 글씨를 쓸 때 뇌 활동이 더 활발하다고 보고한 바 있다. 우리 연구소에서도 손으로 쓰는 활동에 관한 실험을 했는데, 그 결과 종이에 손으로 쓰는 편이 현상에 대한 이해나 기억 정착에 유리하다는 사실이 증명되었다.

단순히 기록하여 보존한다는 관점에서는 컴퓨터나 스마트폰 같은 정보통신 매체를 사용하는 편이 합리적이다. 방대한 양을 보존할 수 있는 데다 나중에 검색해서 찾아내기도 수월하기 때문이다. 하지만 이런 디지털 기기에 지나치게 의존하면 뇌 활동이 줄어들어 결과적으로 머릿속에 남는 정보가 거의 사라진다. 손으로 직접 쓸 때 뇌가 더 활발히 움직이고 쓴 내용도 기억에 오래 남는다. 이는 다양한 연구를 통해 반복적으로 입증된 사실이다.

종이 사전이 암기력을 높이는 비밀

앞서 스마트폰을 이용해 긴 글을 쓰는 실험에서는 스마트폰을 사용하고 있을 때의 뇌 활동만을 계측했다는 한계가 있었다. 그래서 교차 검증을 위해 같은 작업을 스마트폰을 사용할 때와 다른 매체를 사용하는 경우에 뇌 활동이 어떻게 달라지는지, 동일한 피험자를 대상으로 실험해보기로 했다.

새로 설계한 실험에서는 피험자로 하여금 단어의 뜻을 찾아보도록 했다. 대학생이라도 의미를 알기 어려운 단어를 준비하고, 그 뜻을 스마트폰으로 조사하고 종이사전으로도 찾아보게 했다. 그러면서 각각의 활동을 할 때 뇌 활성화 정도를 기

4-2 단어의 의미를 찾을 때의 뇌 활동

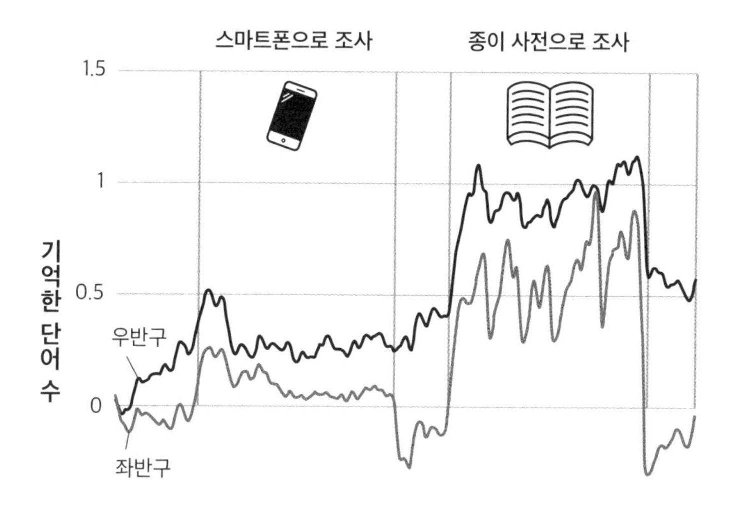

록하고 데이터를 비교해보았다.

도표 4-2에 그려진 선은 배외측 전전두엽의 활동 정도를 나타낸다. 가로축은 시간을 의미하며 왼쪽에서 오른쪽으로 갈수록 시간이 경과함을 나타낸다. 세로축은 뇌의 활성화 정도를 나타낸다. 가운데 두 개의 세로줄로 구분된 부분을 중심으로 왼쪽은 스마트폰으로 단어 뜻을 찾을 때, 오른쪽은 종이 사전으로 단어 뜻을 찾을 때 뇌 활동 상태다. 그 가운데 세로줄로 구분된 좁은 영역은 아무것도 하지 않고 멍하니 있을 때의 뇌

활동을 의미한다.

뇌 활동 정도를 나타낸 선을 보면 직감적으로 알 수 있듯이 스마트폰으로 단어의 뜻을 조사할 때는 전전두엽의 활동에 큰 변화가 보이지 않았다. 반면에 종이 사전으로 찾을 때는 뇌의 활동량이 현저히 늘어났다.

이 실험에서는 단어의 뜻을 찾아보고 몇 분 뒤에 그 단어의 의미를 적어보는 '재생' 실험도 진행했다. 예고 없이 치르는 깜짝 시험이었다. 실험 전에는 나중에 단어의 뜻을 기억하고 있는지 테스트할 것이라고 예고하지 않았기 때문에, 피험자들은 실험 중에 단어의 뜻을 외우려고 따로 노력하지 않았다.

이 테스트에서 피험자들은 스마트폰으로 찾아본 단어를 단 하나도 떠올리지 못했다. 하지만 종이 사전으로 찾은 단어는 거의 절반 정도를 기억해냈다. 스마트폰으로 찾아본 단어의 수가 종이 사전으로 찾아본 단어 수보다 2배 가까이 많았는데도 머릿속에 아무것도 남지 않은 것이다.

이 결과는 뇌과학의 기본 견해와 일치한다. 같은 활동을 하더라도 디지털 기기를 이용할 때는 전전두엽이 제대로 활성화되지 않으며, 전전두엽을 사용하지 않으면 배운 내용이 기억으로 정착되지 않는다. 그 사실이 실험으로 다시 한번 증명된 셈이다.

그렇다면 전자사전은 어떨까? 앞에서 소개한 실험과는 별도로 전자사전을 사용할 때 뇌의 활성화 정도를 측정한 사례도 있는데, 전자사전을 사용할 때도 스마트폰과 마찬가지로 전전두엽은 거의 활동하지 않았다. 전전두엽이 활성화되지 않으니 기억도 잘 정착되지 않음을 알 수 있었다.

단순히 단어의 의미를 알고 싶을 뿐이라면 전자사전이나 스마트폰으로 찾아보는 편이 효율적이다. 단시간에 원하는 정보를 찾아낼 수 있으니 말이다. 하지만 찾아본 내용을 기억에 저장하고 나중에 사용하고 싶다면 종이 사전을 쓰는 편이 합리적이다. 의미를 찾는 데 시간이 걸리기는 하지만 기억에는 더 오래 남기 때문이다. 스마트폰으로 단어의 뜻을 빨리 찾아도 머릿속에 남는 것이 없다면 학습에는 맞지 않는다.

스마트폰을 사용하다 보면 자기도 모르게 같은 단어를 몇 번이고 찾는 경우가 있다. '아, 이 단어 저번에도 찾아봤던 것 같은데'라는 생각이 든다면 이전에 그 단어를 찾을 때 뇌가 활동하지 않는 상태였을 것이다.

스마트폰을 하루 종일 보아도 피곤하지 않은 이유

스마트폰 화면에 빠져들면, 우리는 무의식적으로 시간 가는 줄 모르고 응시하게 된다. 작은 화면을 오래 보는 것이 힘들어 보이지만, 실제로는 전혀 불편함을 느끼지 않는다. 이유는 간단하다. 뇌가 피로를 느끼지 않기 때문이다. 스마트폰을 볼 때 뇌는 마치 마사지를 받는 것처럼 편안한 상태에 있다.

반면에 전전두엽을 제대로 활성화시키는 작업은 그리 오래 지속할 수 없다. 가령 우리 연구소에서 개발한 '두뇌 트레이닝' 게임은 전전두엽을 강제로 사용하게 하므로 대략 1~2분이면 세션이 끝나도록 설계되어 있다. 이 세션을 연속해서 진행하면 뇌가 매우 피로해져서 결국은 지속할 수 없게 된다. 이러한 피로감이 바로 뇌가 활동하고 있다는 방증이다. 뇌는 생각보다 피로에 약한 장기다.

스마트폰이나 TV 등을 몇 시간이고 아무렇지 않게 볼 수 있는 이유는 그만큼 뇌의 긴장이 풀어져 있기 때문이다. 다시 말해 뇌가 일하지 않는다고 할 수 있다. 그러한 이완 효과가 무조건 나쁘다는 의미는 아니다. 스트레스가 많은 환경에서 계속 일하고 공부하다 보면 심신이 지치기 마련이다. 그럴 때 스마트폰으로 동영상을 보거나 게임을 하면 억지로라도 뇌를 쉬게 할 수 있다. 그러한 이완 효과를 잘만 이용하면 심신의 건강관리에 도움이 될 수 있다. 특히 '사고하는 뇌'를 쉬게 할 수 있으니 정신적인 스트레스를 푸는 데 효과적이다.

그러나 '편안함'이라는 감각은 중독성이 강하다는 점을 명심해야 한다. 한번 경험하면 의지가 강한 사람도 쉽게 빠져들 수 있다. 기분 전환을 위해 짧게 스마트폰으로 영상을 보는 정도는 괜찮지만, 그러다가 자신도 모르는 사이에 몇 시간이고 계속 보게 될 수도 있다. 게임도 마찬가지다. '편안함'이라는 감정에 익숙해지면 어느새 그 감정의 노예가 되어버린다.

원할 때 바로 스마트폰의 화면을 끌 수 있을 만큼 의지력이 강하다면 뇌를 쉬게 하고 싶을 때만 잠깐 영상을 보거나 게임을 하는 정도는 괜찮다. 하지만 만약 자신이 편안한 상태에 휩쓸리기 쉬운 성격이라면 차라리 아무것도 하지 않고 멍하니 시간을 보내는 등 다른 이완 방법을 찾는 편이 좋다.

스마트폰이 당신의 뇌를 늙게 만드는 법

스마트폰이나 태블릿 PC 등으로 인터넷을 많이 사용하다 보면 뇌는 좋지 않은 영향을 받는다. 심지어 이러한 경향은 나이에 관계없이 동일하게 나타난다는 사실이 실험 데이터를 통해 확인되었다.

이 실험에는 도호쿠대학의 학생들이 협조해주었다. 우리 연구팀은 1,000명이 넘는 학생들의 뇌를 MRI로 계측하고 동시에 스마트폰이나 태블릿 PC를 이용한 인터넷 의존도도 함께 조사하여 정량적으로 평가했다. 그러자 인터넷 의존 경향이 강한 학생들의 뇌, 그중에서도 백질에 벌써부터 노화의 신호가 나타나고 있음을 발견했다. 또한 그러한 학생들의 특징을 심리학자가 해석하니 "자존감이 낮다", "불안과 우울이 높다", "공감 능력이나 정동 제어 능력이 낮다"는 경향을 보였다. 이는 뇌 건강이 좋지 않은 아이들에게서 현저하게 나타나는 경향인데, 이 실험 결과를 보면 어른이라도 스마트폰에 의존할 경우 뇌에 타격이 축적된다는 사실을 알 수 있다.

스마트폰 등으로 인터넷을 과도하게 이용할 경우 뇌의 발달이 멈추거나 노화의 징후가 빨리 나타나는 이유와 메커니즘은 아직 상세하게 밝혀지지 않았다. 앞으로 더 연구해보아야 할 과제다. 다만 지금까지 밝혀진 사실로 추측하자면, 스마트폰을 사용할 때는 배외측 전전두엽이 크게 활동하지 않는다는 점이 한 가지 원인일 수 있다. 신체적으로 보면 몸의 다른 장기나 근육과 마찬가지로 뇌 역시 꾸준히 사용하지 않으면 제대로 발달할 수 없다. 성장기에 운동하지 않으면 몸이 제대로 발달하지 못하는 것과 같다.

또한 1장에서 설명한 '스위칭' 문제도 간과할 수 없다. 스마트폰이나 태블릿 PC는 다양한 기능이 있어서 한 가지에 집중하려고 해도 여러 정보가 들어오기 쉽다. 즉, 들고 다니기만 해도 주의가 산만해지거나 매사에 집중하기 어려워진다. 여러 가지 일을 동시다발적으로 처리하기에 적합하도록 만들어졌으므로, 원래부터 사용자가 한 가지 일에 집중하지 못하게끔 설계되었다고 보아야 한다.

여담이지만 닌텐도와 함께 게임을 개발하면서 실패한 케이스도 있다. 〈초강력! 5분간의 집중력 트레이닝〉이라는 게임이다. 제목에서 알 수 있듯 이 게임은 뇌를 집중적으로 단련시키기 위해 개발되었다. 기존의 '두뇌 트레이닝' 시리즈와 크게 다른 점은 뇌를 더 많이 사용하도록 설계했다는 점이다. 뇌를 많이 활성화시키면 더 높은 효과를 기대할 수 있으므로 이 점을 적극적으로 홍보했는데 결과적으로는 '두뇌 트레이닝'만큼 팔리지 않았다.

실패의 가장 큰 원인은 플레이 시간을 너무 길게 설정한 데 있었다. 전작인 '두뇌 트레이닝' 시리즈의 경우 세션 하나가 1~2분 정도였던 반면, 이 게임은 5분에 달했다. 하지만 인간이 무언가에 온전히 집중할 수 있는 시간은 5분도 채 되지 않는다. 실제로 이 게임의 실패 원인을 찾기 위해 시장조사를 해보니, 사람들이 이런 게임에서 원하는 플레이 시간은 대략 30초에서 1분 정도였다. 한 가지에 주의를 기울일 수 있는 시간이 아마 그 정도인 것이리라.

2015년에 마이크로소프트사가 집중력과 관련해 재미있는 보고서를 발표했다. 수년간 캐나다의 성인을 대상으로 집중력 지속시간을 관찰한 결과, 캐나다인의 약 20퍼센트에 해당하는 사람들의 집중력 지속시간이 점차 줄어들어 2015년에는 8초 정도에 불과하다는 사실이 밝혀졌다.

집중력이 낮은 사람은 평소 영상 매체를 보는 시간이 길고, 소셜 미디어를 이용하는 빈도가 높으며, 멀티태스킹도 빈번하다. 또한 소속된 조직의 정보기술 도입률이 높은 편인 경우가 많다. 일상생활 깊숙이 정보기술이 침투하면서 사람들의 주의력이 상당히 떨어지고 있다는 사실을, 지금 같은 정보화 사회를 만들어낸 장본인 중 하나인 마이크로소프트가 직접 실토한 셈이다. 그들은 이 연구 결과를 활용해 8초 내에 고객의 주의를 사로잡는 인터넷 광고 전략을 개발했다. 이는 현대인의 주의력 감소를 비즈니스 기회로 전환한 영리한 전략이다.

뇌는 한 가지 일에 지속적으로 주의를 기울이고 집중하기 어려워한다. 그래서 훈련을 통해 계속 뇌를 단련해야 한다. 뇌를 사용하지 않으면 결국 어디에도 집중하지 못하는 뇌가 되어버리기 때문이다. 수많은 실험과 조사 결과가 이를 뒷받침한다. 집중력이 저하되면 생활 전반에 적절히 주의를 기울일 수 없게 되고, 결국 일상생활도 어렵게 만든다.

하지만 현대 사회에서 디지털 기기를 사용하지 않고 생활하기는 어렵다. 이미 생활 곳곳에 디지털 기기가 스며들어 있기 때문이다. 그렇다면 우리는 어떻게 생활해야 할까? 이에 대해 분명한 답을 찾기는 쉽지 않으며, 아마 긴 시간에 걸친 사회적 논의가 필요할 것이다.

CHECK POINT

스마트폰은 어떻게 뇌를 망치는가

스마트폰을 보면 뇌가 둔해지는 이유는?

- 화면 크기가 작을수록 뇌의 활동은 둔해진다. 특히 스마트폰, 모바일 게임기 수준의 작은 화면으로는 사고하는 뇌가 거의 움직이지 않는다. 즉, 스마트폰 등을 사용하면 사고하는 뇌인 배외측 전전두엽의 활동이 오히려 억제된다.
- TV 게임을 할 때 뇌는 마사지를 받을 때와 비슷한 상태가 된다. 배외측 전전두엽의 활동이 저하되기 때문이다. 스마트폰을 서너 시간씩 계속할 수 있는 이유도 뇌가 거의 활동하지 않아 피로를 느끼지 않기 때문이다.
- 영상 내용과 뇌의 활성화 수준은 관계가 없다. 감정적으로 깊은 울림을 주거나 격렬하고 자극적인 영상이라도 뇌 활동은 마찬가지로 억제된다.
- 닌텐도 '두뇌 트레이닝' 게임 시리즈가 뇌를 훈련할 수 있었던 이유는 게임이 '재미없기' 때문이다. 역설적이지만 게임이 재미없을수록 뇌 활동은 활발해진다.

종이와 디지털 매체 사이에 무슨 차이가 있을까?

- 긴 글을 쓰더라도 스마트폰이나 태블릿 PC를 이용하는 경우에는 뇌가 거의 활동하지 않는다. 반면 종이에 손으로 글씨를 쓰는 경우 뇌의 활동이 활발해져 내용을 더욱 잘 이해할 수 있고 기억에도 잘 남는다.
- 사전으로 단어의 뜻을 찾아보더라도 인터넷보다는 종이 사전을 이용할 때 뇌가 활발하게 활동했다.
- 단순히 단어의 뜻을 확인하는 게 목적이라면 전자사전이나 인터넷을 이용하는 편이 좋지만, 찾은 단어의 뜻을 기억하고 싶다면 종이 사전을 이용하는 편이 효과적이다.

스마트폰 및 인터넷 중독은 뇌에 어떤 영향을 줄까?

- 인터넷 의존성이 강한 사람의 경우, 자존감이 낮고 불안 및 우울 성향이 높으며 공감 능력과 정동 제어 능력이 낮았다.
- 스마트폰 의존에 따른 문제는 나이와 관계가 없다. 성장기 아이뿐만 아니라 성인이라도 스마트폰을 많이 사용하면 뇌에 악영향이 컸다.
- 스마트폰 등으로 인터넷을 많이 이용하면 나이에 관계없이 뇌 발달이 멈추거나 노화 징후가 빨리 나타났다.

제5장

아이의 뇌를 지키는 스마트한 부모의 선택

스마트폰 사용 시간과 성적 사이의 놀라운 상관관계

이번 장에서는 스마트폰과 뇌의 관계, 특히 아이들의 뇌 발달에 미치는 영향을 살펴본다. 언뜻 책 읽기라는 주제에서 벗어나는 것처럼 보이지만 꼭 그렇지만도 않다. 책과 스마트폰은 떼려야 뗄 수 없는 관계이기 때문이다.

책과 스마트폰은 정보 전달이라는 공통점을 지니지만, 이를 사용하는 사람의 뇌 활동 양상은 전혀 다르다. 책을 읽으면 뇌가 전체적으로 활성화하지만 스마트폰을 보면 뇌의 활동이 억제되므로 정반대의 존재라고 보아도 좋을 것이다.

현대 사회에서는 두 매체의 장단점을 이해하고 적절히 활용하는 능력이 중요하다. 아이들을 교육할 때는 더욱 그렇다. 스마트폰 사용 시간을 줄이고 책을 읽는 시간을 확보해야만 우리 자신과 아이들의 뇌를 지킬 수 있다.

스마트폰이나 태블릿 PC 같은 디지털 기기가 뇌의 활동을 억제할지도 모른다는 위기감을 처음으로 느낀 순간은 1장에서 소개한 센다이시 공립 학교에 다니는 아이들의 조사 데이터를 해석하면서부터였다.

이 조사 데이터에는 아이들의 학업 능력뿐만 아니라 생활 습관에 대한 정보도 포함되어 있었다. 설문조사를 통해 추가로 수집한 정보였다. 그 설문 중에는 오락에 시간을 얼마나 할애하는지 묻는 질문도 있었는데, 이전에는 그 질문 대신 TV를 보는 시간이나 게임을 하는 시간을 묻는 항목이 있었다. 과거에는 아이들의 주된 여가 활동이 TV 시청이나 게임이라고 생각했기 때문이다. 하지만 환경의 변화로 인해 아이들의 습관도 바뀌면서 이제는 게임기 없이 스마트폰 등으로 게임을 즐긴다. TV 프로그램이나 그 밖의 영상 콘텐츠도 TV가 아닌 스마트폰과 태블릿 PC로 시청한다. 이러한 변화를 깨달은 뒤, 우리 연구팀은 2018년부터 TV나 게임보다는 스마트폰과 태블릿 PC 이용에 초점을 맞추어 조사를 시작했다.

연구 대상은 초등학교 5학년부터 중학교 3학년까지 약 3만 6,000명의 학생이다. 초등학교 4학년 이하는 대상에 포함하지 않았는데, 당시에는 저학년 아이들의 스마트폰 사용이 적을 것이라 예상해 제외했다. 찾아보면 스마트폰을 장시간 사용하는 아이들도 있겠지만, 통계 처리 등 제반 사정을 고려해 초등학교 고학년부터 중학생을 대상으로 삼았다.

그 결과를 도표 5-1에 정리했다. 수집한 데이터를 가정학습 시간과 스마트폰 또는 태블릿 PC의 하루 사용 시간을 기준으로 정리한 것이다. 가정학습 시간 역시 하루에 집에서 공부를 전혀 하지 않는 경우, 그리고 공부 시간이 30분 미만인 경우부터 3시간 이상에 이르기까지 구간별로 총 6개 그룹으로 나누었고, 스마트폰과 태블릿 PC 하루 사용 시간은 1시간을 기준으로 그 이상과 미만으로 구분했다. 세로축은 편찻값의 수치, 즉 성적 분포를 나타내며 국어, 수학, 과학, 사회의 4개 과목을 대상으로 했다.

이 그래프를 보면 왼쪽에서 오른쪽으로 갈수록 그래프가 길어지는 양상을 볼 수 있다. 집에서 공부하는 시간이 길수록 성적이 좋다는 의미다. 그다음으로 눈여겨보아야 하는 부분이 스마트폰 또는 태블릿 PC 사용 시간에 따른 아이들의 학업 능

5-1 스마트폰 사용 시간, 가정학습 시간과 학업 능력의 관계

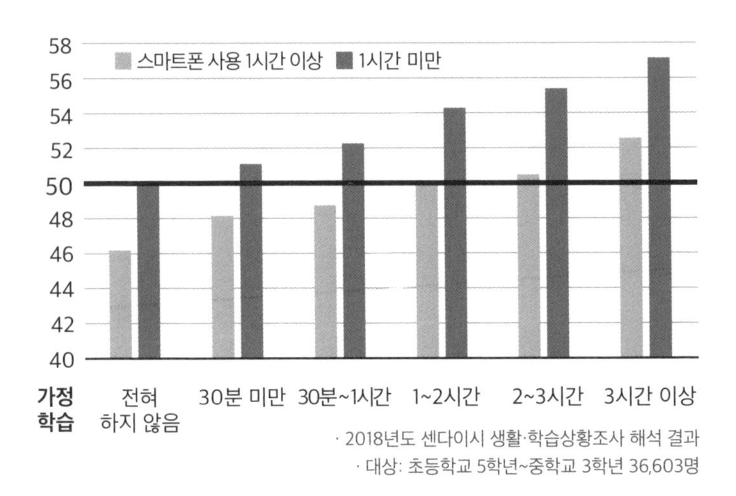

· 2018년도 센다이시 생활·학습상황조사 해석 결과
· 대상: 초등학교 5학년~중학교 3학년 36,603명

력 차이다.

놀라운 점은 스마트폰을 하루에 1시간 미만(기기가 없는 경우도 포함)으로 사용하는 아이들은 전혀 공부를 하지 않는 그룹에서도 편찻값 50, 즉 평균점에 도달했다는 사실이다. 반면에 스마트폰이나 태블릿 PC를 하루 1시간 이상 사용하는 아이들은 가정학습을 1~2시간씩 한 그룹부터 평균점에 도달했다. 가정학습을 2~3시간씩 하는 그룹을 보더라도 스마트폰 사용 시간이 짧은 아이들은 상당히 좋은 점수를 얻은 반면, 1시간 이

상 사용하는 아이들은 아슬아슬하게 평균점을 넘긴 수준이었다. 학교를 마치고 집에서 매일 2시간 이상 공부하기란 쉽지 않은 일이고, 그렇다면 무척 성실한 아이들이라는 의미인데도 학습 효과가 잘 나오지 않은 것이다.

공부 시간보다 중요한 요인은 따로 있다

어째서 열심히 공부해도 스마트폰과 태블릿을 1시간 넘게 사용하면 학습 효과를 얻기 힘들어지는 것일까? 처음에 세운 가설 중 하나는 스마트폰 사용 시간과 수면 시간의 관계였다. 스마트폰이나 태블릿 PC를 오래 사용하면 수면 시간이 줄어들 수밖에 없으므로 결과적으로는 수면 부족으로 인해 학업 능력이 향상되기 어렵다는 논리였다. 즉, 스마트폰의 간접적인 영향을 의심했다.

일본 문부과학성(한국의 교육부에 해당)에서 수집한 데이터를 살펴보면 수면 시간이 짧은 아이들은 학업 능력이 낮은 경

5-2 스마트폰 사용 시간, 가정학습 시간, 수면 시간과 학업 능력의 관계

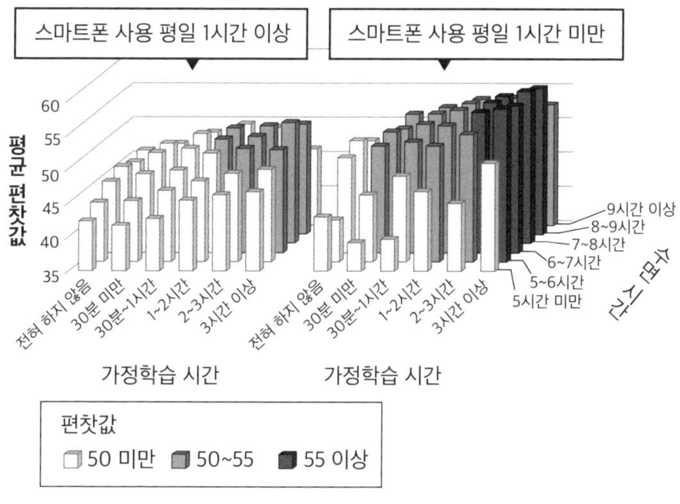

· 2018년도 센다이시 생활·학습상황조사 해석 결과
· 대상: 초등학교 5학년~중학교 3학년 36,603명

향이 있다는 사실을 알 수 있다. 이에 근거하여 기존 데이터에 수면 시간을 반영해 다시 해석해보았다.

도표 5-2의 왼쪽은 스마트폰이나 태블릿 PC를 1시간 이상 사용하는 그룹이고, 오른쪽은 디지털 기기를 1시간 미만으로 사용하는 그룹이다. 앞의 그래프와 마찬가지로 가로축은 하루에 집에서 공부하는 시간에 따라 6개 그룹으로 나눈 것이고, 거기에 z축을 추가해 하루 수면 시간도 5시간 미만인 경우부

터 9시간 이상에 이르기까지 구간별로 6개 그룹으로 나누었다. 그러면 가정학습 시간과 수면 시간에 따라 총 36개 그룹이 나온다. 그래프에서 막대의 높이는 학업 능력 시험의 편찻값 수치를 나타낸다. 막대가 높을수록 성적이 좋다는 뜻이다.

우선은 스마트폰 등을 매일 1시간 이상 사용하는 아이들의 데이터를 모아놓은 도표 5-2의 왼쪽 그래프부터 살펴보자. 전체적으로 오른쪽으로 갈수록, 그러니까 집에서 공부하는 시간이 길수록 성적도 상승하지만 그 정도가 그리 크지는 않다. 수면 시간과의 관계를 보아도 막대가 앞쪽에 있을수록, 즉 수면 시간이 짧을수록 성적도 낮아졌다.

여기서 평균점인 편찻값 50을 넘는 그룹은 집에서 1시간 이상 공부하고 6~9시간을 자는 아이들이다. 즉, 이 36개 그룹의 막대그래프를 보면 공부 시간이 길수록 성적이 좋고, 수면 시간이 짧을수록 성적이 낮음을 알 수 있다.

다만 가장 안쪽의 막대는 바로 앞줄보다 약간 짧다. 수면 시간이 극단적으로 긴 아이들은 학업 능력이 낮다는 의미다. 이는 다른 조사 데이터 등을 통해 이전부터 지속적으로 지적되어온 문제다. 명확한 원인은 밝혀지지 않았으나, 지나치게 긴 시간 수면을 취하는 아이들은 수면의 질이 좋지 않은 환경에

처해 있으므로 이렇게라도 하지 않으면 몸이 버티지 못한다는 추측도 있다.

그렇다면 스마트폰을 1시간 미만으로 사용하는 아이들은 어떨까? 오른쪽 그래프를 살펴보면 집에서 전혀 공부하지 않는 아이들과 수면 시간이 5시간 미만인 아이들을 제외하면 대부분 평균점을 넘는다는 점을 알 수 있다. 놀라운 결과였다.

우리 연구팀은 이 결과의 인과관계를 알아보기 위해 '패스 해석path analysis' 기법을 이용했다. 패스 해석이란 복잡한 사회 현상을 살필 때 다양한 변수 간의 복잡한 인과관계를 모델화하는 방법 중 하나다. 이 실험에서 우리가 상정한 경로(패스)는 다음의 세 가지였다.

① 스마트폰이나 태블릿 PC를 사용함으로 인해 학습 시간이 줄어들어 결과적으로 학업 능력이 저하한다.
② 스마트폰이나 태블릿 PC를 사용함으로 인해 수면 시간이 줄어들어 결과적으로 학업 능력이 저하한다.
③ 스마트폰이나 태블릿 PC를 사용함으로 인해 직접적으로 학업 능력이 저하한다.

이 세 가지 경로를 모두 조사해본 결과, 통계적으로 가장 영향이 컸던 경로는 세 번째, 즉 스마트폰이나 태블릿 PC의 사용 자체로 인한 직접적인 경로였다. 이 결과를 보고 연구팀은 한층 더 놀랐다. 스마트폰 사용 시간과 수면 시간 및 학습 시간 사이에는 직접적인 인과관계가 없으며, 스마트폰을 사용하는 행위 자체가 학업 능력을 크게 저하시킨다는 관계성이 분명히 드러났기 때문이다.

성적을 결정짓는 숨겨진 요인은 '스마트폰 사용 시간'

역학 관계를 나타내는 데이터를 해석할 때 주의해야 할 사항이 있다. 상관관계와 인과관계를 혼동하지 말아야 한다는 점이다. 앞에서 살펴본 도표 5-2의 그래프는 약 3만 6,000명의 아이를 대상으로 일정 시점의 데이터를 받아서 분류하고 해석한 자료다. 따라서 수면 시간이나 학습 시간, 스마트폰과 태블릿 PC 사용 시간 사이에 어떠한 상관관계가 있다는 사실은 분명히 밝힐 수 있지만, 이 자체만으로는 무엇이 원인이고 무엇이 결과인지는 알 수 없다.

예를 들어 앞에 정리된 데이터를 보면 스마트폰이나 태블릿

PC를 사용하는 행위와 아이들의 학업 능력 사이에는 상관관계가 있음을 알 수 있다. 스마트폰 사용 시간이 긴 아이일수록 성적이 낮은 경향을 볼 수 있기 때문이다. 하지만 이것만으로는 "스마트폰이나 태블릿 PC를 사용했기 때문에 학업 능력이 떨어졌다"고 확언할 수 없다. 어쩌면 원래부터 학업 능력이 낮은 아이들은 환경이나 생활 습관 혹은 타고난 성격 때문에 스마트폰이나 태블릿 PC를 더 좋아하는 것인지도 모른다. 쉽게 말해서 달걀이 먼저냐 닭이 먼저냐 하는 이야기로, 이렇게 한 시점의 데이터를 단순 수집해 분류한 데이터는 무엇이 먼저인지를 단정할 수 없다.

스마트폰 등 디지털 기기 사용이 곧 성적 저하의 직접적인 원인인지 인과관계를 입증하기 위해 추가 데이터가 필요했다. 이에 연구팀은 센다이시에 있는 공립 초등학교 및 중학교에 재학 중인 7만 명이 넘는 학생 전원의 데이터를 받아 다른 관점에서 분석을 시도했다. 그리고 각 학생의 이름 대신 번호를 매기는 방식으로 익명성을 유지하면서도 개인별 변화를 파악할 수 있도록 했다. 단순히 어느 한 시점의 데이터만이 아니라 시간에 따른 변화를 파악해야만 인과관계가 있는지를 분명하게 확인할 수 있기 때문이다. 이러한 시간에 따른 변화량이 담

긴 데이터를 바탕으로 생활 습관과 학업 능력 사이의 관계를 다시 분석했다.

시간 경과에 따른 데이터를 바탕으로 생활 습관과 학업 성취도 사이의 관계를 재분석한 결과, 스마트폰이나 태블릿 PC를 장시간 사용하는 학생들이 그 습관을 지속할 경우 성적이 계속 낮은 상태를 유지하는 경향이 나타났다. 반면, 디지털 기기를 하루 1시간 미만으로 사용하고 그 습관을 유지한 학생들은 이전과 같은 높은 성적을 유지했다.

그러나 전에는 스마트폰을 거의 사용하지 않았지만 이후 많이 사용하는 쪽으로 바뀐 아이들은 다음 해부터 학업 능력이 크게 떨어졌다. 또한 이와 반대로 스마트폰이나 태블릿 PC를 많이 사용하다가 생활 습관을 개선하여 사용 시간이 짧아진 아이들은 그다음 해부터 학업 능력이 향상되는 경향이 나타났다. 조사 기간 중에 센다이시에서 아이들에게 책자를 배포하여 스마트폰 및 태블릿 PC 사용 시간과 학업 능력의 관계를 보여주고 디지털 기기를 적게 사용하도록 권고하는 캠페인을 진행한 덕분에 생활 습관을 개선한 아이들의 데이터도 어느 정도 수집할 수 있었다.

풍부한 자료를 바탕으로 다양한 각도에서 접근해 분석한 덕분에 스마트폰 사용과 학업 능력 사이에 단순 상관관계가 아니라 인과관계가 있음을 명확히 밝힐 수 있었다. 단적으로 말해서 스마트폰과 태블릿 PC의 사용이 학업 능력을 저하시키는 원인이었다.

멀티태스킹의 함정

스마트폰을 멀리하면 성적이 오르는 이유

결국 스마트폰이나 태블릿을 장시간 사용하면 그 자체만으로 직접적으로 학업 능력이 저하된다. 데이터 해석 결과 이러한 인과관계를 분명하게 확인한 연구팀은 새로운 의문을 품었다. 스마트폰이나 태블릿 PC를 3~4시간 이상 사용하는 아이는 도대체 그것으로 무엇을 하는 걸까? 언제, 어떤 상황에서 스마트폰을 조작하며 구체적으로 어떤 애플리케이션을 사용해 무엇을 하는지에 대한 의문이었다.

애초에 스마트폰이나 태블릿 PC를 서너 시간씩 사용하면 따로 집에서 공부할 시간을 내기도 어려울 것이다. 그런데 수집한 데이터를 보면 스마트폰을 장시간 사용하면서도 집에서 3시간 이상 공부한다는 아이들이 있었다. 상식적으로 생각하면 수면 시간을 극단적으로 줄이지 않는 한 두 응답이 동시에 나올 수는 없었다. 도대체 어떻게 된 걸까?

이러한 의문을 해결하기 위해 우리는 이후에 진행한 설문에서 새로운 항목을 추가했다. "집에서 공부할 때 스마트폰이나 태블릿 PC를 사용하는가?"라는 문항이었다. 수면 시간에 이상이 없다면 디지털 기기를 사용하는 시간과 공부하는 시간이 서로 중첩되어 있지 않을까 하는 추측에서였다. 그렇게 새롭게 수집한 센다이시 공립 중학교의 전체 학생 약 2만 5,000명의 응답을 정리한 해석 결과가 도표 5-3이다. 예상대로 스마트폰을 보유한 학생 가운데 약 80퍼센트가 공부 중에 스마트폰을 사용하고 있었다.

그렇다면 학생들은 공부 중에 스마트폰을 어떤 식으로 사용하고 있을까? 응답 내용을 살펴보니 약 3분의 2에 해당하는 학생들이 "공부 중에 스마트폰으로 음악을 들었다"라는 사실을 알 수 있었다. 다만 이는 예전부터 자주 보이는 "다른 일을 하면서 공부하는" 사례의 전형으로, 누구나 이런 경험이 있을 것이다.

5-3 가정학습 중의 스마트폰 이용

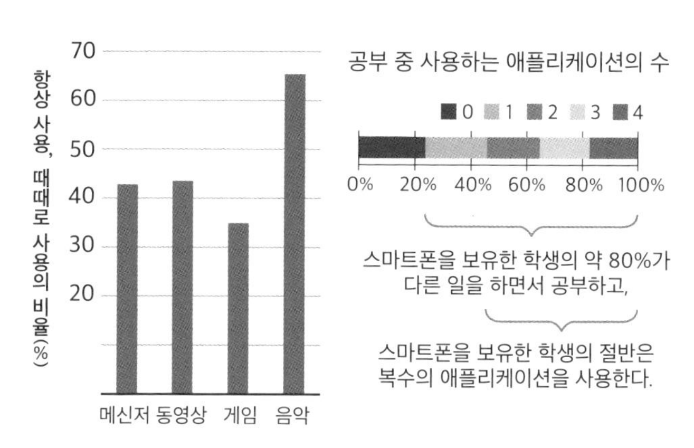

· 2015년도 센다이시 생활·학습상황조사 해석 결과
· 대상: 중학교 1~3학년 25,016명(이중 미소유자 8,096명 제외)

이 조사에서 시대 변화 혹은 세대 차이를 느낀 부분은 공부 중에 메신저 앱을 통해 친구와 대화를 나누거나 동영상을 보는 아이들이 거의 절반에 가까웠다는 사실이다. 공부하다가 게임을 한다는 아이도 약 3분의 1에 달했다. 이런 현실을 접하고 충격을 받았다. 어른들은 게임을 하니 공부가 될 리 없다고 생각하지만, 아이들은 잠시 공부하고 게임을 '잠깐' 하는 식의 사이클을 반복하고 있었다.

가장 주목한 부분은 스마트폰 보유한 학생들 가운데 약

80퍼센트가 공부 중에 스마트폰을 가까이 두며, 절반 이상의 학생이 여러 애플리케이션을 동시에 사용한다는 점이었다. 즉, 이 아이들은 공부 중에 음악을 들으면서 메신저 앱으로 문자를 주고받으며 때로는 게임도 하는 것이다. 특히 여러 애플리케이션을 오가며 사용한다는 점에서 우리는 강한 위기감을 느꼈다. 1장에서도 설명한 '스위칭' 때문이다. 스위칭은 한 가지 일에 집중하지 못하고 중간에 끼어든 정보에 곧장 반응하며 결국 한 차례 주의를 빼앗긴 후에 다시 본래 하던 일로 돌아오는 현상이다. 이러한 스위칭 경향이 학습 중에 스마트폰을 장시간 사용하고 여러 애플리케이션을 사용하는 아이들에게서 관찰된 것이다.

이러한 학습 중의 스위칭에 대해서는 이미 여러 심리학자가 수차례 경고했다. 대표적인 예로 2000년대 대학생들의 사례를 들 수 있다. PC가 보급되면서 학생들이 컴퓨터로 과제를 하게 되었고, 동시에 페이스북 같은 SNS가 젊은 세대 사이에서 빠르게 확산하기 시작했다. 이런 환경에서는 PC로 공부나 과제를 하고 있으면 페이스북 등을 통해 여러 메시지가 날아온다. 과제에 집중하다가도 메시지 알림이 표시되면 아무래도 거기에 주의가 분산되면서 눈앞의 과제나 학습에 집중하기 어렵다. 게다가 이렇게 주의가 산만해지는 상황이 매우 빈번하게 발생한다.

심리학자들은 이렇게 스위칭을 자주 경험하는 사람은 독해력이 극단적으로 떨어지기 쉽다고 경고한다. 우리 연구팀에서는 여기에서 더 나아가 주의력이 빈번히 흩어지는 상황 자체가 악영향을 줄지도 모른다는 의문을 가졌다.

센다이시 공립학교에 다니는 아이들의 데이터를 수집해 분석한 결과를 보아도 스위칭의 악영향을 알 수 있다. 이에 우리는 학습 중에 일어나는 스위칭 현상과 학업 능력 사이에 어떤 식으로든 관계가 있으리라 보고, 집에서 공부하는 시간과 학습 중에 사용하는 애플리케이션 수의 관계를 조사해보기로 했다. 센다이시 학생과 보호자들의 협조로 확실한 정량 데이터를 충분히 확보할 수 있었기에 깊이 있는 분석이 가능했다.

그 결과가 바로 도표 5-4이다. 먼저 집에서 공부하는 시간은 30분 미만부터 3시간 이상까지 구간별로 5개 그룹으로 나누었다. 다음으로는 각각의 그룹에서 공부할 때 사용하는 애플리케이션의 수를 기준으로 아예 사용하지 않는 경우부터 4종에 이르기까지 5개 그룹으로 분류했다. 막대그래프의 높이는 성적의 편찻값을 나타낸다.

5-4 가정학습 중 스마트폰 사용 시간과 애플리케이션의 종류

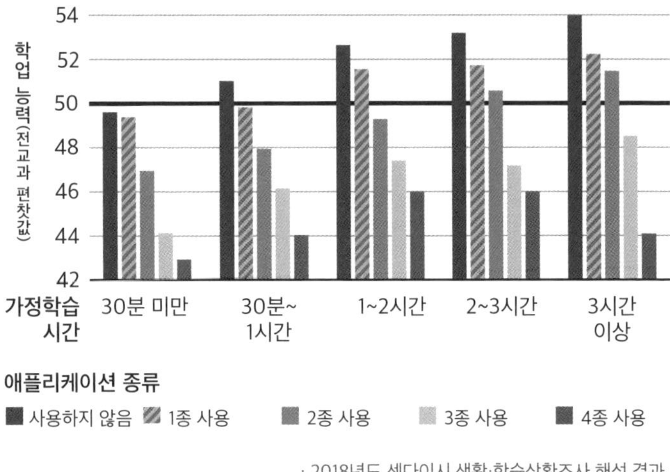

· 2018년도 센다이시 생활·학습상황조사 해석 결과
· 대상: 초등학교 5학년~중학교 3학년 36,603명

그래프를 보면 오른쪽으로 갈수록 막대가 전반적으로 높아지는 양상을 볼 수 있다. 학습 시간이 길수록 학업 능력이 높다는 의미다. 하지만 각각의 그룹만 따로 떼어 살펴보면 오른쪽으로 갈수록 막대의 높이는 내려간다. 사용하는 애플리케이션의 수가 많을수록 학업 능력이 낮아진다는 의미다.

놀라운 부분은 하루에 3시간 넘게 공부하는데도 평균점을 넘지 못하는 아이들이 있다는 사실이다. 공부할 때 사용하는

애플리케이션의 수가 1~2개 정도일 때는 평균점을 넘었지만, 3개 이상 사용하는 경우에는 평균점을 넘지 못했다. 학습 시간이 30분 미만이면서 스마트폰이나 태블릿을 사용하지 않거나, 사용하더라도 애플리케이션의 수가 1개인 아이들보다도 성적이 낮았다. 3시간이 넘는 공부가 무의미해진 것이다.

스마트폰을 공부에 이용하는 현명한 방법

데이터 분석을 통해 학습 중에 스마트폰이나 태블릿으로 여러 애플리케이션을 사용할 경우 학업 능력이 떨어진다는 사실을 알 수 있었다. 이 연구 결과를 보면 최근 교육 현장에서 보이는 변화에 우려를 표하지 않을 수 없다.

최근 일본 정부에서는 'GIGAGlobal and Innovation Gateway for All 스쿨 구상' 정책을 추진하고 있다. 학교의 정보기술 환경을 정비하여 모든 학생에게 디지털 단말기를 지급하고 이를 통해 수업에 활용한다는 정책이다. 이 일환으로 스마트폰이나 태블릿 PC를 이용하는 학습 애플리케이션도 속속 등장하고 있다. 많은 아이가 디지털 기기를 사용해 공부하는 방향으로 교육 정책이 바뀐 것이다. 그러나 이에 대해 많은 전문가들은 우려를 감추지 못하고 있다.

그렇다면 학습 목적으로 스마트폰이나 태블릿 PC를 사용했을 때 학업 능력에는 어떤 영향이 나타날까? 연구팀은 이에 대해서도 의문을 품고 자세히 조사했다.

센다이시 공립 초등학교와 중학교에 다니는 초등학교 3학년부터 중학교 3학년까지의 학생 약 1만 3,000명을 대상으로 가정학습 중에 학습 목적으로 스마트폰이나 태블릿 PC를 사용하는 시간이 얼마나 되는지 조사하고, 학업 능력과의 관계를 살펴본 데이터가 도표 5-5이다.

그래프의 오른쪽 가로축은 학습 시간이다. 집에서 공부를 전혀 하지 않는 그룹부터 하루에 3시간 이상씩 공부하는 그룹까지 총 6개 그룹으로 나누었다. 그래프의 왼쪽 가로축은 가정학습 중에 학습 목적으로 스마트폰이나 태블릿 PC를 사용하는 시간이다. 전혀 사용하지 않음부터 3시간 이상까지 5개 그룹으로 분류했다. 막대 높이는 성적의 편찻값을 나타낸다. 예를 들어 가정에서 따로 공부하지 않는 아이들은 당연히 학습 목적으로 스마트폰이나 태블릿 PC를 사용하는 일도 없는데,

5-5 가정학습 중의 스마트폰 이용 및
학습 목적으로 스마트폰과 태블릿 PC를 사용하는 시간

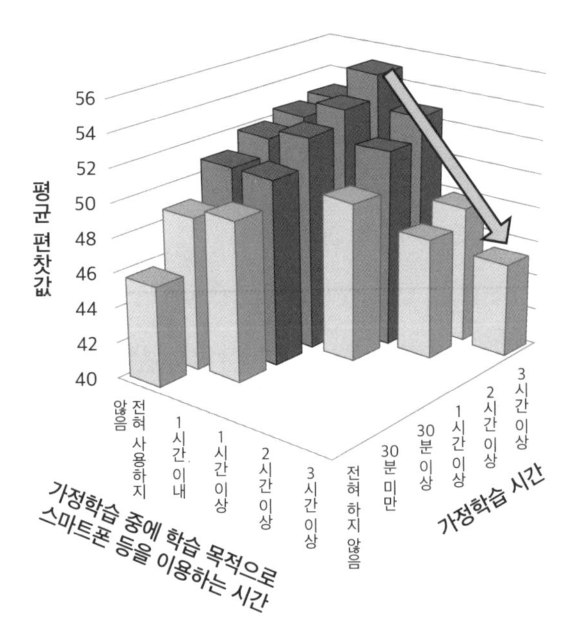

· 2022년도 센다이시 생활·학습상황조사 해석 결과
· 대상: 초등학교 3학년~중학교 3학년 13,001명

이 그룹의 평균 편찻값은 46 정도다.

전체적으로 그래프를 보면 역시 집에서 공부하는 시간이 길수록 성적이 좋다. 하지만 학업 목적이더라도 스마트폰이나 태블릿 PC를 이용하는 시간이 길면 성적이 떨어지는 경향을 보인다.

이 그래프에서 주목할 부분은 3시간 이상 공부하는 아이들의 데이터다. 하루에 3시간씩 공부하더라도 스마트폰이나 태블릿을 2시간 넘게 사용하는 그룹은 평균점에 도달하지 못했다. 동영상이나 게임, 메신저 앱을 사용한 것도 아니고 성실하게 학습 목적의 애플리케이션을 이용했을 뿐인데도 평균에 미치지 못하는 것이다. 실로 충격적인 결과였다. 학습용 애플리케이션을 이용하기 위해서라고 해도 스마트폰이나 태블릿 PC를 과도하게 사용하면 학업 능력을 떨어뜨린다는 사실이 데이터 분석을 통해 분명해진 것이다.

학습 애플리케이션을 전혀 사용하지 않는 아이들보다 오히려 1시간 이내로 짧게 사용하는 아이들의 성적이 더 좋다는 점도 눈에 띈다. 다른 데이터를 보더라도 스마트폰이나 태블릿 PC를 전혀 사용하지 않거나 아예 없는 아이들과 비교하면 1시간 미만으로 짧게 사용하는 아이들의 학업 능력이 더 높았다. 흥미로운 현상이었다.

깊이 있게 분석하려면 후속 연구와 실험이 필요하지만, 제반 상황을 바탕으로 추측해보자면 2가지 이유를 들 수 있다.

첫째는, 각 가정의 경제적 상황에 따른 영향이다. 안타까운 사실이지만 가정의 수입과 아이들의 능력(학업 능력 포함) 사이에는 상관관계가 존재한다고 알려져 있다. 스마트폰이나 태블릿 PC를 갖고 싶은데도 갖지 못하는 환경에 있는 아이들은 경제적인 요인으로 인해 학업 능력이 낮아졌을 가능성이 있다.

둘째는, 흥미로운 콘텐츠로 넘쳐나는 스마트폰이나 태블릿 PC를 1시간 미만으로 사용하는 아이들은 자신을 제어하는 능력을 갖추고 있을 테고, 그런 아이들은 효율적으로 공부하는 능력을 지니고 있으리라는 해석이다.

다만 이는 어디까지나 연구진의 추측일 뿐, 추가로 조사할 필요가 있다.

뇌 발달을 막는 스마트폰의 실체

그렇다면 스마트폰이나 태블릿 PC를 장시간 사용할 경우 집에서 아무리 오래 공부해도 학업 능력이 낮아지는 현상은 어떻게 설명할 수 있을까? 2018년에 연구팀은 이 이상한 현상을 단번에 설명해주는 데이터를 발표했다. 아이들의 인터넷 사용 시간과 뇌 발달의 관계성을 조사 및 분석한 실험 데이터다.

이 실험의 피험자는 센다이시에 거주하는 만 5~18세의 아이들 총 224명이다. 아이들을 도호쿠대학의 연구소에 초대하여 MRI로 뇌를 계측하고, 3년 후에 다시 뇌를 계측한 데이터를 수집했다. 데이터를 수집할 때 시간적 간격을 두면 뇌 발달

5-6 인터넷 사용 시간과 3년간 뇌 발달의 관계(회백질)

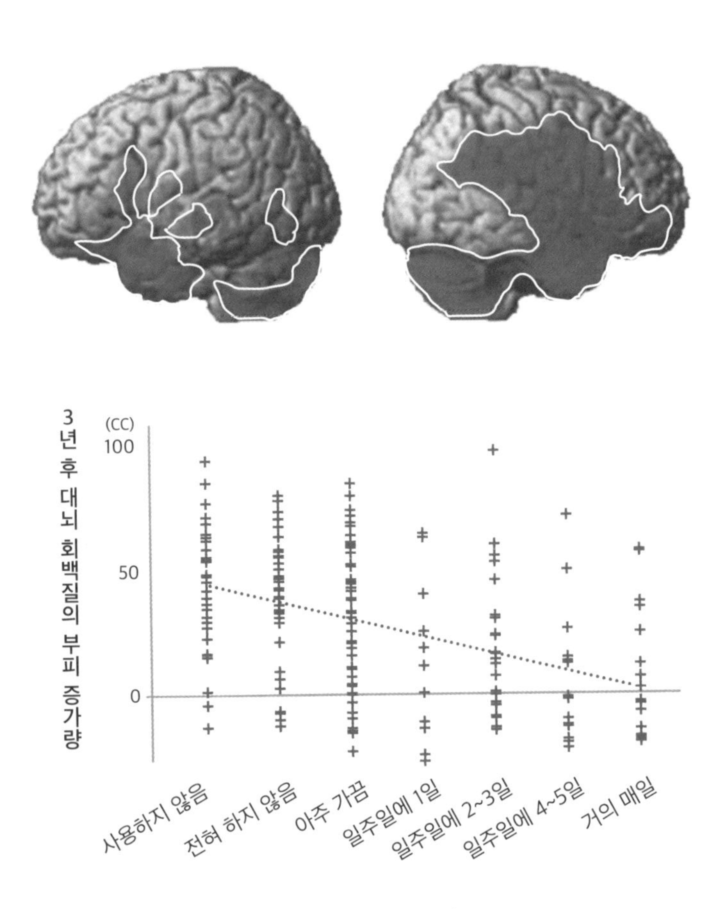

이나 변화를 관찰할 수 있기 때문이다. 동시에 피험자의 생활 습관뿐만 아니라 심리학자가 아이들의 다양한 인지 기능을 전문적으로 살피는 조사도 함께 실시했다.

이러한 일련의 실험 및 조사 데이터를 분석해보니 스마트폰이나 태블릿 PC로 인터넷에 매일 접속하는 아이들 대부분은 뇌 일부 영역의 발달이 멈춰 있다는 사실이 드러났다. 도표 5-6에 진하게 표시된 영역이 그러하다. MRI 촬영 결과 디지털 기기를 자주 사용한 아이들의 해당 영역 발달은 평균적으로 0에 가까웠다. 즉, 3년간 전혀 발달하지 않은 것이다.

반면에 스마트폰 등을 전혀 사용하지 않은 아이들의 뇌를 살펴보면 신경세포층의 회백질이 평균 50cc 정도 늘어나 있었다. 일반적인 발달 과정을 따르는 경우, 청소년기의 뇌는 회백질이 두꺼워지다가 10대 후반부터 시냅스 가지치기synaptic pruning로 인해 조금씩 얇아지는 경향을 보인다. 따라서 청소년기에 뇌의 회백질 부피는 필연적으로 늘어난다. 하지만 이러한 회백질 부피 변화가 스마트폰이나 태블릿 PC로 매일 인터넷을 이용한 아이들에게서는 나타나지 않았다. 다시 말해 스마트폰이나 태블릿 PC로 인터넷을 이용하는 습관이 생기면 대뇌 일부 영역의 발달이 멈춘다는 의미다. 신경세포의 네트워크를

5-7 인터넷 사용 시간과 3년간 뇌 발달의 관계(백질)

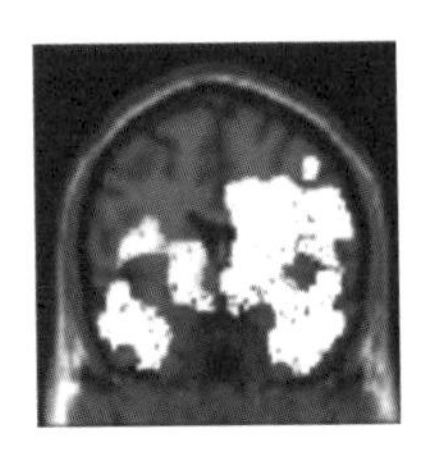
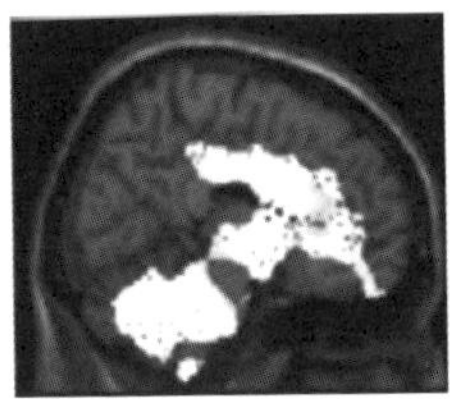
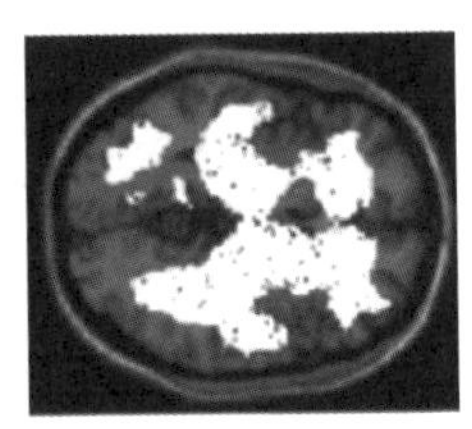

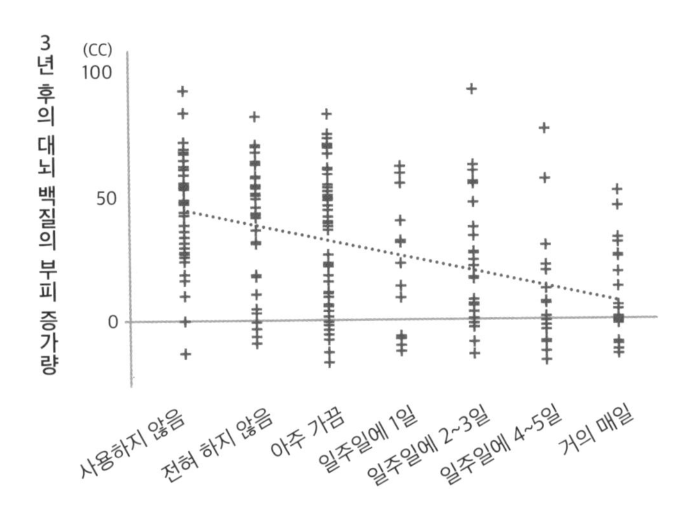

구축하는 뇌의 백질 부분에서도 동일한 현상이 나타났다.

결론부터 말하면 스마트폰이나 태블릿 PC를 매일같이 장시간 사용하는 아이들은 뇌의 발달이 억제될 뿐만 아니라 학습을 해도 학업 능력을 높일 수 없다. 극단적으로 예를 들자면 초등학교 5학년인 아이가 3년 동안 매일 스마트폰 등으로 인터넷을 사용할 경우 중학교 2학년이 되어도 몸은 커질지언정 뇌의 대부분이 초등학교 5학년 상태에 머무른다는 의미다. 그러면 얼마나 노력을 했는지와 관계없이 성적이 나오지 않는 것도 당연하다. 뇌의 발달 측면에서만 보면 중학교 2학년과 초등학교 5학년이 같은 수업을 듣고 같은 시험을 치는 꼴이니 말이다.

CHECK POINT

학습을 위협하는 스마트폰

정말로 스마트폰이 성적을 떨어트릴까?

- 스마트폰을 오래 사용할수록 학업 성적은 낮아진다.
- 같은 시간을 공부하더라도 스마트폰 사용 시간이 긴 아이들은 스마트폰을 적게 사용한 아이들에 비해 성적이 크게 낮았다. 오히려 공부 시간이 다소 짧아도 스마트폰을 적게 사용하는 아이들이 성적이 더 높게 나타났다. 즉, "얼마나 공부하느냐"보다 "얼마나 스마트폰을 적게 사용하느냐"가 학업 능력 성장에 더 큰 변수였다.
- 스마트폰 사용으로 인해 수면 시간이 짧아져서 성적이 떨어지는 것이 아니라, 스마트폰을 사용하는 행위 자체가 직접적으로 성적을 떨어트리는 것으로 확인되었다.

스마트폰은 공부에 얼마나 도움이 될까?

- 스마트폰 사용 시간이 긴 학생은 공부하면서 스마트폰을 함께 사용하는 경우가 많았다.
- 학생들은 공부 중 스마트폰으로 음악 감상, 메신저를 통한

대화, 동영상 시청, 게임을 하는 경우가 많았다.

- 공부하면서 스마트폰을 사용할 경우 다른 곳에 주의를 빼앗겼다가 다시 원래 일로 돌아오는 스위칭 현상이 빈번하게 일어난다. 스위칭을 자주 경험할 경우 독해력이 극단적으로 떨어진다.
- 3년간의 추적 조사로 회백질의 부피를 측정한 결과, 스마트폰 사용 시간이 긴 아이들은 성장기임에도 뇌 발달이 전혀 이루어지지 않았다.

제6장

당신의 뇌를 지키는 탄 하나의 비밀

무조건적인 수용의 함정을 피하는 법

스마트폰이나 태블릿 PC를 이용해 장시간 인터넷을 이용하면 뇌가 제대로 발달하지 못하고 아무리 공부해도 학습 효과를 얻을 수 없을 뿐만 아니라 학업 능력도 떨어진다. 하지만 이 사실을 모른 채 열심히 공부하면서도 노력을 물거품으로 만들어버리는 아이들이 적지 않다. 우리는 이러한 현상에 어떻게 대처해야 할까?

현대 사회에서는 스마트폰이나 태블릿 PC 등 디지털 기기 사용이 거의 필수적이다. 또한 일상생활에서 민간기업의 서비스를 이용할 때뿐만 아니라 교육 현장에서도 태블릿 PC를 이용한 수업이 확대되는 실정이다. 이러한 환경에서 아이들의 뇌를 지키려면 별도의 조치가 필요하다.

우리 연구팀은 센다이시 교육위원회와 함께 아이들이 스스로 스마트폰이나 태블릿 PC 등 디지털 기기를 사용하는 방법을 생각해보도록 하는 수업을 제안했다. 중학생을 대상으로 독자적으로 제작한 교재에는 이 책에서 소개한 그래프도 여럿 실려 있다. 수업 시간에는 그래프를 읽는 법부터 시작해서 그래프에서 어떤 해석을 이끌어낼 수 있는지 아이들 스스로 생각해보게 한다.

또한 스마트폰 등의 기기를 가지고 있든 그렇지 않든 모든 학생이 참여해 스마트폰이나 태블릿 PC를 사용하는 장점에 대해 토론한다. 수업의 마지막에는 그래프를 통해 알게 된 사실과 스마트폰 또는 태블릿 PC를 사용할 때의 장점을 비교해보고, 스마트폰 등 디지털 기기를 어떻게 이용하면 좋을지 스스로 결정하게 한다.

실제로 이 수업을 진행한 중학교에 가보거나 보고서를 읽어보면 "중학교 생활에 스마트폰은 없어도 될 것 같다"라는 결론을 내린 학생이 많다. 물론 "스마트폰이 없으면 곤란하다"라는 결론을 낸 학생도 적지는 않다. 나는 중학생 등을 대상으로 강연을 할 때도 있는데, 학생들에게 같은 주제로 토론을 하게 하면 대부분 비슷한 결론이 나온다.

이 수업의 핵심은 스마트폰과 태블릿 PC의 사용을 무조건적으로 부정하지 않는 것이다. 어떤 기술과 도구라도 나름대로의 장점과 단점이 있는 법이니, 이 두 가지를 모두 파악하고 나름의 사용법을 정하는 과정이 꼭 필요하다.

가장 큰 비극은 위험이 있는데도 그 사실을 모른 채 사용하거나 무조건적으로 수용해버릴 때 일어난다. 극단적으로 말하자면 마약에도 나름의 장점과 단점이 있다. 그런데 마약이 몸에 미치는 악영향을 무시한 채 단순히 "사용하면 기분이 좋아진다", "스트레스가 해소된다", "피로가 풀린다"라는 장점에만 집중해 계속 사용하면 결국에는 마약에 중독되어 의존하게 되거나, 심각한 부작용으로 고통받으며 일상생활을 유지할 수 없게 된다. 각성제 등의 마약을 사용하지 못하도록 법률로 규제하는 이유는 사회가 마약의 장점과 위험성을 저울에 올려보았을 때 위험성이 월등히 크다고 판단했기 때문이다.

물론 스마트폰이나 태블릿 PC 같은 디지털 기기의 사용을 마약 사용에 비할 수는 없다. 그러나 이 같은 디지털 기기는 단점보다도 장점이 크게 부각되는 경우가 많아 걱정이 앞선다. "사용해보면 편리하다", "재미있다", "많은 사람과 연결된다"라는 등 장점만 강조하고, 뇌 발달이 억제되거나 노화가 빨라지며 정신적인 문제가 발생할 수 있다는 위험을 제대로 알리지 않는다면 결국 아이들의 장래를 빼앗고 미래 동력을 약화시키는 일이 아닐까?

스마트폰이나 태블릿 PC를 사용할지 말지는 결국 개인이 결정한다고 하더라도, 그전에 먼저 장점과 위험성을 모든 사람이 알 수 있어야 한다. 만약 여러 논의 끝에 "스마트폰이나 태블릿 PC 등 디지털 기기는 아이들의 장래를 위태롭게 만든다"라는 결론이 나오고 적절한 절차를 거쳐 사회적으로 합의에 이를 수 있다면 법률로 규제해도 좋을 것이다.

스마트폰 사용의 주도권을 되찾는 법

우리 연구소에서는 아이들의 스마트폰과 태블릿 이용과 관련해 교육 현장에 직접적인 제안도 하고 있다. 예를 들어 도호쿠대학의 사카키 고헤이榊 浩平 조교수가 시작한 프로젝트는 초등학생 아이들을 대상으로 스마트폰 및 태블릿 PC 등 디지털 기기의 사용법에 대해 스스로 생각하는 수업을 제안하고 있다. 다만 이 수업에서는 앞에서 소개한 중학생을 위한 수업과 달리, 스마트폰 등을 이용할 때의 위험성을 배우는 일부터 시작하지는 않는다. 초등학생 수준에서는 축이 세 개나 되는 그래프를 해석하기 쉽지 않기 때문이다.

초등학생을 대상으로 하는 수업에서는 막연하게나마 본인들도 "과도한 사용은 좋지 않다"라고 느끼고 있으니 그 감각을 이용해서 아이들 스스로 규칙을 만들어보게 한다.

이 프로젝트는 센다이시의 공립 초등학교에서 실시되고 있다. 모든 학년에서 진행하며 하루에 스마트폰 등을 얼마나 써도 되는지, 잠들기 전에 사용하면 어떨지 등을 아이들 스스로 생각하고 반 전체 의견을 정리한다.

주로 하루 사용 시간을 "1시간 이내로 하자", "2시간 이내로 하자" 같은 의견이나 "취침 1시간 전에는 스마트폰을 쓰지 말자", "저녁 8시 이후에는 사용하지 말자"라는 식의 제안, "숙제나 집안일 돕기가 끝난 후에 사용하자", "공부 중에는 눈에 보이는 곳에 두지 말자", "식사 중에 사용하지 않기", "스마트폰이나 게임을 대신에 다른 일을 하자" 등의 의견이 많다. 현장 조사까지는 해보지 못했지만 의외로 가정에서 식사 중에 스마트폰이나 태블릿 PC를 사용하는 아이들이 제법 있는 듯하다. 어쩌면 식탁 앞에 앉은 부모와 자녀가 각자의 스마트폰이나 태블릿 PC 화면에 빠져 있는 광경도 점점 늘고 있지 않을까? 식사라는 가족 간의 소통 시간조차 스마트폰과 태블릿 PC에 빼앗겨버린다면 가족 간의 관계나 유대는 어떻게 구축될지 심히 걱정스럽다.

다시 원래의 이야기로 돌아가자. 이 프로그램에서는 학급별로 아이들이 스스로 규칙을 정하고, 그 뒤에 반 대표들이 모여서 학교 전체의 규칙을 정하는 방식으로 진행된다. 6학년 위원이 사회를 맡고, 학교 전체의 동의를 바탕으로 학급 대표들이 논의하여 규칙을 어느 정도로 정하면 좋을지를 고민한다.

예를 들어 "하루 2시간 이내", "취침 1시간 전에는 스마트폰 끄기", "숙제 등 할 일을 끝낸 후에 사용하기"가 규칙으로 선정되었다고 해보자.

이렇게 정해진 학교의 규칙을 학급 대표가 반으로 돌아가 전달하면 학급의 체육위원회, 환경위원회 등 위원회가 이를 학급 전체에 알린다. 단순히 규칙을 지키자는 캠페인이 아니라 "어떻게 하면 규칙을 준수할 수 있을까?", "어떻게 하면 규칙을 지키기 쉬울까?" 등의 관점에서 위원들이 저마다 아이디어를 내서 의미 있는 규칙을 만들어 제안한다.

체육위원회는 스마트폰이나 태블릿 PC를 사용하지 않고도 시간을 즐겁게 보내는 방법을 제안하고, 도서위원회에서는 한 달에 책을 2권 읽도록 권하는 식이다. 그런 활동을 하면 자신들 스스로 정한 규칙이라는 의식이 싹터서 다른 사람이 시킬 때보다 규칙을 더 잘 지키게 된다. 실제로 조사 데이터를 보면 학교 측이 일방적으로 정한 규칙보다 학생들이 자체적으로 정한 규칙을 더 잘 지킨다는 사실을 알 수 있다. 또 이런 활동을 한 결과, 약간이지만 스마트폰과 태블릿 PC 사용 및 게임에 의존하는 경향이 줄어드는 효과도 있었다.

스마트폰을 소지하기만 해도 떨어지는 수면의 질

가정에서도 아이들이 스마트폰이나 태블릿 PC를 사용할 때의 위험성에 대해 부모와 자녀가 함께 생각해보는 기회가 필요하다. 아이들에게 이러한 기기를 사용했을 때의 위험이 무엇인지 생각해보게 한 후 스스로 사용 여부를 결정하게 하고 사용할 경우에는 규칙이 있어야 한다. 그렇게 하지 않으면 공부를 해도 학업 능력이 향상되지 않는 아이들이 늘어나고, 계속 그대로 성장한다면 사회를 지탱할 든든한 어른으로 자라지 못하는 비극이 펼쳐질 수 있기 때문이다.

스마트폰과 태블릿 PC가 아이들의 학업 능력을 떨어트린다는 사실을 보여주는 학술 논문은 세계적으로도 많다. 우리 연구소의 연구나 조사 결과만이 아니다. 특히 스마트폰 사용 시간이 길수록 학교 성적이 떨어진다는 사실을 보여주는 논문은 셀 수 없을 만큼 많다. 단순히 스마트폰을 소지하고 있는 것만으로도 수업 중 주의력과 수업 내용에 대한 이해도가 극단적으로 저하한다는 논문도 적지 않다. 또한 우리의 연구나 조사를 계기로 스마트폰을 장시간 사용하면 아이들의 뇌 발달이 크게 저해되고 언어 발달 역시 지연된다는 사실을 밝힌 연구도 늘어나고 있다.

문제는 여기에서 그치지 않는다. 스마트폰을 가지고 있기만 해도 수면의 질이 떨어지기 쉽다는 논문도 여럿이다. 이러한 논문 대다수는 스마트폰을 사용할 때만이 아니라 그저 가지고만 있어도 수면에 악영향을 준다고 지적한다. 그중에는 수면의 질이 떨어져 감정이나 인지 기능, 심폐 기능 전반에 좋지 않은 영향을 준다고 보고한 논문도 있다. 즉, 아이에게 스마트폰이나 태블릿 PC를 쥐여 주면 학업 능력뿐만 아니라 감정과 인지 기능, 신체 기능까지도 부정적인 영향을 받는다는 의미다. 이는 학술적으로 증명된 사실이다.

오늘날처럼 경쟁이 치열한 사회에서는 노력하지 않으면 많은 것을 얻기 어렵다. 현대 사회의 구조가 그러하니, 노력하지 않은 사람이 성과를 얻지 못하는 것은 자연스러운 일일 수도 있다. 물론, 노력하고 싶어도 환경적 제약으로 인해 할 수 없는 상황이라면 지원이 필요하다. 하지만 별다른 문제가 없는데도 스스로 노력하지 않는다면 좋은 결과를 기대하기 어려운 것이 사실이다.

하지만 본인이 열심히 노력하는데 아무런 보상도 얻지 못한다면 비극이다. 스마트폰과 태블릿 PC는 아이들에게 그런 비극을 가져다줄 가능성이 크다. 우리 사회가 조금이라도 빨리 이 사실을 알아차리기를 바란다. 어쩌면 이미 알고 있으면서도 경제적 이유로 이를 외면하고 있을지도 모르겠다. 수많은 연구 논문이 스마트폰과 태블릿 PC의 위험성을 지적하고, 학계에서는 이미 우려하는 것이 당연해진 지금 현대 사회는 마치 "스마트폰과 태블릿이 없이는 생활할 수 없다"며 사람들을 세뇌하고 있는 듯하다.

정말로 스마트폰이나 태블릿 PC가 없으면 지금의 생활을 유지할 수 없을까? 한번 깊이 생각해볼 일이다. 적어도 아이들을 키우는 가정이나 학교에서는 이런 위험을 인지하고 있기를 바란다.

술, TV, 게임보다 위험한 스마트폰의 실체

스마트폰과 태블릿 PC에 대한 의존성은 얼마나 강할까? 우리 연구에 따르면, 스마트폰이나 태블릿 PC에 대한 의존성은 TV나 게임보다 더 강했다. TV나 게임도 장시간 이용하면 아이들의 뇌가 발달하는 데 좋지 않은 영향을 준다고 하지만, 그 정도를 놓고 보면 스마트폰과 태블릿 PC는 훨씬 심각하다. 게다가 어린아이들도 빠져들기 쉬워서 화면을 훨씬 더 오래 보게 된다.

단순히 생각해도 스마트폰이나 태블릿 PC 하나만 있으면 게임도 할 수 있고, 영상도 시청할 수 있으며, 음악 감상도 가능하다. TV나 게임기를 각각 사용할 때도 뇌에 좋지 않은데, 그 모든 기능을 하나로 모은 기기라면 그 영향력은 상당하지 않겠는가?

뇌 발달 연구를 해온 입장에서는 스마트폰이나 태블릿 PC가 술보다 위험하게 느껴진다. 의존성이 강하고 장시간 사용할 경우 뇌에 악영향을 준다는 사실이 연구 데이터를 통해 밝혀졌으니 술처럼 법적으로 규제하는 논의가 필요하다는 생각도 든다.

'스마트폰이나 태블릿 PC가 없으면 곤란하다'고 생각하는 사람도 당연히 있을 것이다. 이 같은 디지털 기기를 평소 업무에 사용하고 있다면 필수품으로 여길 수도 있다. 하지만 일상생활에서 스마트폰이나 태블릿 PC가 얼마나 필요할까? 냉정하게 생각해보면 디지털 기기가 없어도 생활에 지장이 생기는 경우는 드물다. 외출 중에 연락이 필요하면 과거의 휴대전화처럼 전화 기능만 있는 기기를 사용하면 될 일이다. 직장이나 학교의 모임 연락을 메신저 앱으로 한다면 이전처럼 연락망을 만들거나 다른 수단을 생각해도 된다. 스마트폰이나 태블릿 PC가 없으면 불가능해지는 일은 거의 없다. 스마트폰이나 태블릿 PC를 사용하면 자신의 몸, 즉 뇌에 어떤 일이 생기는지 뇌과학 연구 데이터를 바탕으로 제대로 인식한다면, 초등학생이나 중학생의 생활에 스마트폰 같은 디지털 기기가 필수적이지 않다는 결론에 도달할 수 있을 것이다.

하지만 스마트폰이나 태블릿 PC를 만들고 판매하는 기업들은 아이들에게 미치는 악영향에 대한 데이터가 이렇게 많은데도 실질적인 대응에 나서지 않는다. 마치 생각하는 능력을 잃은 인간을 대량 생산하려는 것처럼 보일 정도다. 그러나 이대로 아이들이 성장한다면, 장기적으로는 소비자로서도 제대로 기능하지 못하는 어른이 될 가능성이 높다. 스마트폰과 태블릿 PC 관련 업계도 이 위험성을 인식하고 내부에서 자정 노력을 기울여야 한다. 아이들이 이 기기에 의존하게 되면 스스로 생각하는 능력을 잃고, 결국 사회의 미래에도 큰 영향을 미치게 된다. 이 위험성을 간과해서는 안 된다.

스마트폰 디톡스로 가족이 함께하는 시간을 소중히

가정에서 아이들의 스마트폰 사용을 제한할 때 중요한 포인트가 있다. 주위 어른들 역시 스마트폰 사용 시간을 줄여야 한다는 점이다. 이제까지 실시한 조사에 따르면 부모가 스마트폰이나 태블릿 PC를 오래 사용할 경우 아이도 디지털 기기를 장시간 사용하는 경향을 보였다. 아이의 생활 습관은 가족을 포함한 어른들의 생활 습관을 보여주는 거울이다.

부모와 자녀가 모두 스마트폰을 장시간 사용하는 습관이 있다면 온 가족이 함께 '스마트폰 디톡스'를 실천하기를 권한다. 지금까지 소개한 연구 결과는 대체로 청소년을 대상으로 한 내용이지만, 성인 역시 스마트폰이나 태블릿 PC 이용을 제한하면 많은 이점을 얻을 수 있다. 앞에서 소개했던 연구 데이터를 바탕으로 대표적인 이점을 몇 가지 뽑아보자면 '사고하는 뇌'의 활성화, 심리적인 안정 등을 들 수 있다.

게다가 부모와 자녀가 함께 스마트폰이나 태블릿 PC 사용을 줄이면 아이와 함께하는 시간을 늘릴 수 있다. 아이를 키우는 가정이라면 아이와 마주하고 있을 때는 메신저, 문자 메시지 등의 알림이 와도 보지 않기를 권한다. 앞서 짧게 언급했지만 식사 중에는 더욱 그렇다. 식사는 가족이 모여서 같은 시간과 공간을 공유하는 매우 중요한 일과다. 따라서 식사 시간에는 스마트폰을 사용하지 않게 규칙을 정하고 가족이 함께하는 시간과 공간을 소중히 여겨야 한다.

꼭 식사 시간이 아니더라도 부모와 자녀가 같이 있는 순간이라면 스마트폰이나 태블릿 PC는 사용하지 않는 것이 좋다. 어린아이가 부모에게 무언가를 원할 때라든가 혹은 그보다 조금 더 자라서 함께 산책할 때 등 부모와 아이가 함께하는 시간에는 스마트폰을 무음으로 바꾸거나 보이지 않는 곳에 넣어두기를 권한다. 무슨 일이 있어도 아이 앞에서 스마트폰을 꺼내어 보지 않도록 습관으로 만들자. 쉽지 않은 일이지만 꼭 실천해보라. 함께 시간과 공간을 공유하고 있어도 서로 할 이야기가 없어서 각자 스마트폰이나 태블릿 PC 화면만 보며 다른 일을 한다면 실제로는 혼자 있는 것과 다르지 않다.

가족이 함께 모여 있는 중에도 저마다 제 할 일만 하는 상황을 제삼자의 눈으로 본다면 어떤 생각이 들까? 식당에서 가족이 함께 밥을 먹으면서 아무도 서로의 얼굴을 보지 않고 말도 없이 그저 스마트폰만 조작하는 장면은 떠올리기만 해도 괴이하게 느껴진다.

집에서 혹은 가족과 함께 있을 때 스마트폰을 어떻게 사용해야 좋을까? 이는 단순한 매너나 가정교육의 문제가 아니라, 우리가 어떤 가족상을 갖고 있고 어떤 사회를 꿈꾸는지와 관련된 매우 중요한 논점이다.

그룹학습의 힘

디지털 기기를 똑똑하게 활용하는 방법

우리 연구소에 소속된 한 조교수는 일본 전국의 초등학교, 중학교 교사들을 대상으로 온라인 설문조사를 실시하여 수업 중에 태블릿 PC 등 디지털 기기를 어떻게 사용하는지 분석하고 있다. 그리고 이 응답을 분석해 학교별로 사용법이 상당히 다르다는 사실을 알아냈다.

교육 현장에서 스마트폰 등의 디지털 기기를 사용하는 방식에는 크게 두 가지 유형이 있었다. 첫 번째는 아이들이 그룹으로 학습하기 위해 사용하는 경우였다. 아이들은 함께 태블릿 PC 등을 사용하여 의견이나 아이디어를 정리하고 발표 자료를 만들었다.

두 번째는 아이들이 각자 개별학습을 위해 사용하는 패턴이었다. 주로 수준별 학습을 위해 연습문제를 풀 때 사용하는 경우가 많았고, 프로그래밍 학습에 사용하거나 다른 여러 교과의 정보를 조사할 때 사용하는 경우도 있었다. 태블릿 PC를 이용해 공부하는 과제를 내는 학교도 있었다.

이러한 차이로 인해 아이들의 학습 효과는 어떻게 달라질까? 연구팀은 이러한 의문을 안고 일본 문부과학성이 조사한 전국 학업 능력 조사 결과와 연관 지어 비교해보았다.

우선 태블릿 PC를 그룹학습에 이용하는 학교의 경우에는 디지털 기기 사용과 학업 능력 사이에 별다른 관계를 찾아볼 수 없었다. 태블릿 PC를 사용하든 하지 않든 학업 능력에 영향을 주지 않았다는 의미다.

반면에 디지털 기기를 개별학습에 사용한 학교의 경우에는 결과가 달랐다. 태블릿 PC를 빈번하게 사용하는 학교의 학생들은 학업 능력이 낮았다. 심지어 사용 빈도가 높을수록 학업 능력이 떨어지는 경향을 보였다. 이는 세계적으로 나타나는 현상이다.

이러한 데이터를 모두 종합해보면 교육 현장에서 태블릿

PC 등 디지털 기기를 사용하겠다는 결정은 심히 우려스럽다. 디지털 기기를 사용한다 해서 학업 능력이 높아지지도 않을뿐더러, 개별학습에 사용하면 오히려 아이들의 학업 능력이 낮아질 가능성이 높기 때문이다. 정부에서는 일본의 모든 학교에 정보기술을 도입하여 학습환경을 개선하려고 하지만, 결과적으로는 그러한 노력이 아이들의 학업 능력을 끌어내릴지도 모른다.

교육용 학습 단말기의 성능이 여러 가지 기능을 동시에 활용할 만큼 뛰어나지 않다는 변명도 있지만, 교육 환경에서 태블릿 PC를 사용하는 것 자체가 학업 성과에 부정적인 영향을 미칠 가능성은 여전히 높다. 지속적인 추적 조사가 필요하겠지만, 이 문제에 대해 위기감을 가져야 한다.

뇌과학적 관점에서 생각하면 디지털 단말기를 사용할 경우 뇌가 제대로 활동하지 못하며, 그런 상태에서는 아무리 학습을 해도 효과가 나타나지 않는다. 또한 앞에서 살펴보았듯 범용 단말기인 스마트폰과 태블릿 PC를 많이 이용하는 아이들은 뇌 발달이 방해받는다는 데이터도 나와 있다.

교육 현장에서 디지털 기기를 사용하려면 먼저 신중하게 고민해보아야 한다. 아이들이 사용하는 태블릿 PC는 학습 전용 기기가 아니다. 애플리케이션을 통해 자유롭게 인터넷에 접속할 수 있으며 게임을 하거나 영상을 시청하고 친구들과 대화를 나누는 등 커뮤니케이션도 가능하다. 어른보다 아이들이 사용법을 더 알기 때문에 가정에서는 이미 범용 단말기로 사용하고 있을 가능성이 크다.

이 문제는 학교에만 맡겨둘 것이 아니라 관련 분야의 연구자들까지 모여 충분하고도 확실한 논의를 거쳐야 한다. 지금 안전성을 확인하는 단계를 밟지 않으면 아이들의 뇌가 희생될 미래가 머지않다. 이 책에서 다룬 여러 조사 데이터가 그러한 위험성을 보여준다.

디지털 매체의 교육 효과를 평가하는 현명한 방법

교육은 시대의 영향을 크게 받는다. 단순히 교육 방법이 달라지는 정도에서 그치지 않고, 때로는 최첨단 기기를 교육 현장에 도입하려는 시도도 보인다.

일본에서는 1960년대 후반부터 1970년대에 걸쳐 시청각 자료를 이용한 교육이 유행한 적이 있었다. 교실 내의 TV에 영상을 틀어놓고 아이들이 그 프로그램을 보며 공부하는 수업이 실시되었던 것이다.

처음에는 아이들이 새로운 교육방식에 흥미를 보였지만, 시간이 지나면서 점차 사용되지 않더니 결국에는 자취를 감추고 말았다. 어째서 이런 결말을 맞게 된 것일까? 당시의 의사결정 과정을 상세히 알 수는 없지만, 많은 교육자가 아이들의 머릿속에 남는 것이 적다는 사실을 피부로 느꼈기 때문이리라.

이와 동일한 현상이 교육 현장에 디지털 기기를 도입하는 정책을 시행할 때도 일어나지 않을까 싶다. 지금 교육 현장에 몸담고 있거나 관련 분야에 종사하고 있다면 이 새로운 교육 정책에서 디지털 기기가 아이들에게 어떤 영향을 줄지 더 넓은 관점에서 객관적으로 살펴보았으면 한다. 뇌 발달을 연구하는 입장에서는 교육 현장의 관련자들이 태블릿 PC 등의 디지털 기기를 수업에 활용하는 것에만 신경을 쓴 나머지, 아이들에게 발생할 위험은 중요하게 생각하지 못하는 듯한 인상을 받는다. 디지털 기기는 어디까지나 도구이자 목적을 달성하기 위한 수단에 지나지 않는다는 점을 명심하자.

필요할 때 새로운 기술을 도입하고 교육하는 일도 중요하지만, 그로 인한 결과를 총체적으로 고려해보아야 한다. 새로운 도구를 사용할 경우 학습 효과는 어떻게 달라질 것이며, 아이들은 그 환경에서 제대로 필요한 지식을 제대로 배울 수 있을까? 이 점을 간과해서는 안 된다. 어떤 분야에서든 새로운 방식을 도입할 때는 충분히 심사숙고해야 한다. 그렇지 않으면 생각했던 효과를 기대하기 어려울 뿐만 아니라 부작용으로 인해 더 큰 문제가 발생할 수도 있다. 그리고 새로운 기술과 도구를 도입한 후에는 그 효과를 객관적으로 조사하고 평가해야 하고, 부정적인 영향이 더 크다면 용기 있게 철수해야 한다.

디지털 기기를 이용한 교육 정책 도입에 앞서 교육 관계자들이 다양한 가능성을 열어두고 논의를 이어갔으면 하는 바람이다. 특히 교육 현장에서 직접 관찰하고 느낀 바가 가장 중요하므로 일선 교실에서 수업하는 교사들의 의견이 존중되기를 바란다.

서당식 교육

뇌과학이 밝혀낸 최고의 교육법

체계적인 연구를 통해 비교해보기 전이지만 교육 현장에 디지털 기기를 도입하기보다는 오히려 '서당식'으로 이루어지던 전통적인 교육법을 되살리는 편이 합리적이라고 본다. 학교에서도 새로운 기술을 배우기보다 모두 같이 소리 내어 책을 읽거나 손으로 글쓰기 연습을 하고 계산 문제를 반복적으로 풀어보는 과정이 더 중요하기 때문이다. 뇌가 더 활발히 움직이는 교육은 바로 거기에 있다.

전통적인 교육은 느리고 답답하게 느껴질 수 있지만, 이는 오랜 시간을 거치며 경험적으로 학습 효과가 높은 방법을 모아 정리한 것이다. 한동안은 이런 전통적인 교육 방법이 계속 이어져 왔으나, 최근에는 급격한 정보화로 인해 점차 무너져 가고 있는 듯하다.

물론 현대 정보사회를 살아가는 아이들 입장에서는 전통적인 교육법이 익숙하지 않을 수도 있다. 아무리 좋은 교육법이라도 아이들이 주체적으로 참여하지 않으면 결국 학습이 제대로 이루어지지 않는 것은 맞다. 그렇다고 정보기술을 활용한 디지털 기기나 영상 콘텐츠를 활용해 아이들의 흥미를 끌어 가르치는 방법이 우수하냐면 그렇지도 않다. 그 방법으로는 교육 효과가 나오지 않는다는 사실이 다양한 연구와 조사를 통해 밝혀졌다.

전통적인 교육은 읽기, 쓰기, 계산하기의 기초와 기본을 반복하는 데 중점을 두고 있다. 기초적이고 기본적인 능력이야말로 응용력을 기르는 힘이라고 여기기 때문이다. 이러한 교육법은 뇌과학적인 관점에서 보아도 일리가 있다.

하지만 지금 교육 현장에서 일어나는 변화를 관찰하다 보면 이와는 정반대 기류가 느껴진다. 기초적이고 기본적인 능력은 디지털 기기에 의존한 채 응용하는 법을 기르치는 데 많은 시간과 수고를 쏟아붓는 분위기다. 학습에 필요한 기초 지식을 제대로 익히지 못한 아이들이 응용 학습을 한들 학습 효과가 나올지 의문이다.

전통적인 교육법과 정보기술 활용 교육을 잘만 병행하면 오히려 도움이 될지도 모른다. 가령 정보기술을 사용해 아이들의 흥미를 유발한 후에 종이로 된 전통적인 교과서와 판서를 통해 노트 필기를 하고 소리 내어 읽거나 직접 계산하도록 하는 것이다. 즉, 스마트폰이나 태블릿을 통해 학습자의 주체적인 참여 의욕을 높이고, 그 이후 학습 효과가 높은 전통적인 교육을 실시하는 식이다. 정보기술의 시대이기에 더욱 과거 교육의 효과적인 측면과 장점을 다시금 평가하고 이를 잘 살려 새 시대의 교육 현장에 반영할 필요가 있다.

CHECK POINT

스마트폰으로부터 뇌를 지키는 법

스마트폰을 어떻게 사용해야 할까?

- 스마트폰을 가지고만 있어도 수면 시간이 줄어든다.
- 스마트폰의 중독성은 술, TV, 게임보다도 더욱 강력하다.
- 일상에서 스마트폰의 필요성을 다시 생각해보자. 스마트폰이 없으면 지금의 생활에 어느 정도 지장이 생길까?
- 스스로 스마트폰을 사용하는 규칙을 만들어보고 이를 준수하는 연습을 해보자.

집에서 스마트폰 디톡스하는 법

- 가정에서 아이의 스마트폰이나 태블릿 PC 사용을 제한하려면 어른들도 디지털 기기 사용을 줄여야 한다. 아이의 습관은 가족의 생활 습관을 보여주는 거울이다.
- 부모와 자녀가 모두 스마트폰 사용 시간을 줄이고 함께 보내는 시간을 늘리자.
- 아이와 함께 있을 때나 식사 중에는 메신저 등 알림을 바로 확인하지 않는다.

학습에 디지털 기기를 이용하는 올바른 방법은?

- 학습에 태블릿 PC를 이용할 때는 개별학습보다는 그룹학습에 사용하는 것이 더 효과적이다. 그룹의 의견을 정리하고 발표 자료를 만드는 데만 사용하는 것이 좋다.
- 교육 현장에 디지털 기기를 도입하는 방식은 신중한 접근이 필요하다. 지속적인 추적 조사를 통해 현장에 맞추어나가야 한다.
- 뇌과학적으로 가장 효과적인 교습법은 서당식으로 책을 소리 내어 읽고, 손으로 글쓰기 연습을 하며, 계산 문제를 반복적으로 풀어보는 방법이다.

마치며

AI 시대, 당신의 경쟁력을 높이는 독서의 힘

나 자신과의 대화를 즐기는 법

독서의 숨겨진 가치

우리는 왜 책을 읽을까? 공부를 하거나 업무에 필요한 정보를 얻기 위해 혹은 지식을 쌓아 교양을 기르기 위해 읽는다. 또한 소설을 읽으며 재미를 추구하기도 한다. 이렇듯 독서의 목적은 사람마다 다양하다. 나는 어렸을 때부터 책을 좋아했고 지금도 책 읽기가 취미이며, 출장을 갈 때면 책 2권을 반드시 챙겨간다. 책을 읽으면 시공을 초월하여 저자가 내게 말을 걸어오며 이 과정에서 다양한 대화를 나눌 수 있다. 나는 독서 중에 경험하는 이런 대화가 그 어떤 일보다도 즐겁다.

책을 통한 저자와의 대화는 결국 내 안에 있는 나 자신과의 대화로 이어진다. 이 과정이야말로 독서의 참맛이며, 그러한 대화를 통해 정신적으로 성장한다는 점이 가장 큰 효능이다. 책에 적힌 글을 읽으면서 '나라면 어땠을까?', '나라면 어떻게 했을까?', '여기에 나온 일은 내가 예전에 경험한 일과 비슷하네', '이렇게 생각할 수도 있구나' 하고 생각하면서 조금씩 사고를 심화해나갈 수 있다. 이러한 정신적인 작업은 독서 중에 가장 활발하게 이루어진다.

단순히 정보만을 얻기 위해서라면 인터넷 등 디지털 수단을 이용하는 편이 효율적이다. 책과는 비교도 안 될 만큼 대량의 정보가 떠도는 데다, 검색만 잘하면 원하는 정보를 순식간에 손에 넣을 수 있기 때문이다. 다만 인터넷을 이용할 경우 정보를 수동적으로 받아들이기가 쉽다. 정보가 아무리 많아도 제대로 기억하지 못하고 그저 눈을 스쳐가기 십상이다. 무언가의 정보를 얻으면서 자신의 지식과 사고력을 높이고 싶다면 스스로 내면의 자기 자신과 대화하면서 정보를 소화해내고 양분으로 바꾸어야 한다. 능동적으로 정보를 얻고 자신의 몸(머리)에 입력하는 작업이 필요하다는 의미다.

최근에는 동영상을 보면서 지식이나 기술을 배우는 경우가 많다. 특히 코로나19로 인한 팬데믹 사태를 거치며 대학교에서도 온라인 또는 녹화 강의를 많이 진행한다. 자연히 강의를 듣기 위해 스마트폰이나 태블릿 PC를 이용하는 경우도 크게 늘었다.

실시간 온라인 강의나 녹화된 동영상을 통한 학습은 직접 얼굴을 맞대고 강의를 들을 때보다 효과가 낮다. 같은 내용이라도 스마트폰이나 태블릿 PC를 이용하는 학습자의 뇌를 계측하면 뇌 활동이 제대로 활성화되지 않음을 알 수 있다. 전전두엽이 활동하지 않는 상황에서는 아무리 공부해도 내용이 머리에 남지 않는다. 학습 효과가 나올 리 없다.

대학에서 강의하고 있는 교원들은 온라인을 이용한 강의의 학습 효과가 낮다는 사실을 이미 느끼고 있다. 대학생들도 어느 정도 알고 있으리라 본다. 영상을 볼 때는 이해한 것 같아도 막상 시험 때가 되면 "머릿속에 아무것도 남아 있지 않음"을 실감하는 학생들이 적지 않기 때문이다.

지식을 내 것으로 만드는 가장 확실한 방법

편리성만 따지면 온라인 수업이나 녹화 강의를 따라갈 방법은 없다. 교원에게나 학생에게나 마찬가지다. 강의를 배속으로 시청하는 학생들도 있다. 강의를 배속 재생하면 같은 내용을 더 짧은 시간에 들을 수 있다. 하지만 그렇게 해서 무엇을 배울 수 있을까? 코로나19 상황에서는 달리 방법이 없긴 했지만, 대면 강의가 아닌 녹화 강의를 수강하면서 어떤 손해를 보았는지 학생들 스스로 평가해보아야 한다.

조금만 생각해보면 결론은 금방 나온다. 편안함만을 추구하다 보면 머리도 몸도 쇠퇴한다. 쇠퇴한 머리로는 배워도 성장하기 쉽지 않다. 간단한 논리다.

뇌과학을 연구하는 입장에서 녹화 강의는 교원과 학생 양쪽에게 시간 낭비일 뿐이라고 생각한다. 그저 편하기 때문에 나쁘다는 의미는 아니다. 당연히 편리함을 추구해야 할 상황도 있다. 하지만 교육 현장에서 쉽고 편한 방법만 찾다 보면 결국 학습자가 성장하기 위해 반드시 거쳐가야 하는 장벽이 사라지고 만다. 내면 수업은 교수에게도 학생에게도 번거롭지만, 그래야만 뇌를 움직이게 할 수 있다면 앞장서서 그 방법을 실천해야 한다.

학교 이외의 장소에서도 무언가를 익히려면 뇌를 활성화할 혹독한 장벽을 스스로 설정하거나 마련해야만 한다. 책 읽기가 그런 장벽 중 하나가 될 수 있다.

최근에는 '가성비'라는 말이 유행처럼 사용된다. 배움에 있어서도 그렇다. 하지만 동영상을 보는 것이 정말로 가성비 면에서 뛰어날까? 이제 막 필요한 지식을 쌓아나가는 사람들은 짧은 시간에 많은 정보를 얻고자 여러모로 애쓰는 듯하지만, 이래서야 역효과가 날 뿐이다. 지식이나 기술을 얻는 일의 의미를 조금 더 진지하게 생각해야 한다.

동영상을 배속으로 시청하거나 홈페이지를 통해 책의 줄거

리나 개요를 읽으면 단시간에 많은 정보를 접할 수 있다. 다만 정보가 제대로 머릿속에 남아 있는지, 그저 한번 눈에 담은 뒤 흘려보내는 것은 아닌지 스스로 점검해볼 필요가 있다. 정보란 그저 접하는 데에 의미나 가치가 있는 것이 아니라, 제대로 머릿속에 남겨 교양이 되거나 살아가면서 필요한 지식과 기술이 될 때만 의미와 가치가 있다.

적은 시간 안에 많은 정보를 접하는 방법을 찾아도 그저 스쳐 지나갈 뿐이라면 시간 낭비다. 단순히 시간을 보낼 용도라면 상관없지만, 자신을 성장시키기 위해 정보를 찾고 있다면 가성비를 추구하는 행위는 멀리하는 편이 좋다. 조금 멀리 돌아가더라도 확실히 자신의 것으로 만드는 합리적인 방법을 찾아야만 한다.

생성형 AI를 다루기 위한 지혜

올바른 질문을 던지는 법

요즘은 챗GPT 같은 생성형 AI가 화제다. 입력창에 질문을 넣으면 마치 사람이 이야기해주는 듯한 어투로 대답해주니 여러 사이트를 조사하는 번거로움을 줄일 수 있고, 원하는 정보도 깔끔하게 정리해주니 한눈에 확인할 수 있다. 한편으로는 새로운 기술이 인간의 일을 빼앗아갈 것이라고 우려하는 목소리도 있다. 생성형 AI를 사용하면 긴 글도 대신 써주는 데다 학교 과제 보고서도 순식간에 만들어낼 수 있고 이 기술을 사용했는지 알아보기도 쉽지 않아서 교육계에서는 크게 동요하고 있다.

하지만 이 기술은 지금까지의 인터넷 기술과 크게 다르지 않다. 인터넷에 있는 대량의 정보를 긁어모은 후 연관성이 높은 정보를 추출하여 제공하는 것뿐이다. 다른 점이라면 입력창에 넣는 명령을 상세히 규정할 필요가 없어졌다는 것 정도다. 다시 말해 컴퓨터가 사용하는 프로그램 언어가 아니라 인간의 언어인 자연어로 변환할 수 있으며 추출한 정보도 인간이 쉽게 이해하는 형태로 출력된다.

인터넷상의 방대한 정보를 더 정교하게 처리하는 기술을 개발하는 일은 그 자체로 좋지도 나쁘지도 않다. 성능이 좋은 자동차를 만드는 것과 마찬가지다. 오히려 대량의 정보를 빠르게 처리해서 유의미한 정보를 추출하는 작업은 인간보다 컴퓨터가 능숙하므로, 그러한 기술을 정교하게 발전시키는 작업은 합리적이다.

하지만 생성형 AI를 이용하든 기존의 검색 기술을 통하든 결국 원하는 정보를 얻으려면 인간이 명령어를 제대로 입력할 줄 알아야 한다. 명령어의 단어와 문장은 인간이 넣어야 하기 때문이다. 명령어를 AI가 직접 넣거나 혹은 다른 AI를 통해 입력할 수도 있겠지만, 이는 특별한 경우에 한정된다. 인간이 스스로 원하는 정보에 접근하고 싶다면 스스로 입력창에 명령어를 넣어야 한다.

예를 들어 "가와시마 류타가 누구지?" 하고 입력하기보다는 "도호쿠대학의 가와시마 류타 교수는 어떤 인물이지?" 하고 입력하는 편이 원하는 정보에 접근하기 수월하고 더 정확한 정보를 얻을 수 있다. 어떻게 질문하느냐가 중요하기 때문에 검색할 때도 지혜가 필요하고 뇌를 사용해야 한다.

앞으로는 대량의 정보로부터 어떠한 경향이나 특징을 찾아내는 일이 AI의 주 활동 영역이 될 것이다. 이 기술은 앞으로도 크게 발전하고 의미 있게 사용될 것이다. 하지만 이 기술이 발전한다고 우리가 갖추어야 할 능력이 달라지지는 않는다. 결국 제대로 된 질문과 명령을 던질 수 있는 존재는 인간뿐이기 때문이다. 또한 AI가 추출한 정보를 활용하는 일 역시 인간이 직접 해야 한다.

명령어로 무엇을 넣어야 할까? 출력된 정보는 어떻게 사용해야 할까? 그리고 AI를 다룰 지혜를 고도화시키기 위해서 우리 인간은 무엇을 해야 할까? 지금 우리에게 필요한 고민은 바로 이런 것들이다.

이런 시대에 필요한 능력을 갖추는 데 필요한 답을 하나만 제시해야 한다면 그 답은 바로 독서다. 인터넷을 검색했을 때에 비하면 정보량은 적지만 내용이 분명한 책을 찾아서 읽고 그 내용을 자신의 머릿속으로 정리하여 결론으로 이끌어가는 작업은 뇌를 활성화시키며 정보를 다루는 힘을 키워준다. AI 시대이기에 더욱 AI를 제대로 사용하기 위해 두뇌를 단련하고 지혜를 쌓아가는 일이 중요하다.

한계를 넘어 성장하는 뇌의 비밀

거듭 말했지만 뇌도 몸의 다른 부분과 다르지 않다. 편하다고 해서 자동차만 탄다면 결국에는 운동 부족으로 인해 근력이 떨어지고 건강이 악화된다. 마찬가지로 뇌도 편한 것만 추구하다가는 생각하는 힘이 쇠퇴한다. 반대로 활자를 소리 내어 읽고 계산을 반복하는 등 조금이나마 번거로운 일을 하면 뇌가 활성화된다.

뇌도 신체의 다른 영역처럼 사용하면 할수록 기능을 잘 유지하고 향상할 수 있다. 반대로 사용하지 않으면 쇠약해진다. 평소의 생활을 되돌아보고 몸뿐만 아니라 머리도 너무 편한

길만 선택하고 있지는 않은지 생각해보자. 만약 그렇게 지내왔다면 노화의 속도가 빨라질 것이다. 자신의 몸과 뇌를 적절히 귀찮게 만들고 그 과정을 즐기는 생활로 바꾸어보자. 신체 기능뿐만 아니라 사고와 정신의 기능도 향상될 것이다.

이러한 관점에서 보면 학교는 아이들의 발달에 맞추어 적당한 장벽을 합리적으로 마련하고 이에 도전하게 만드는 시스템이라고 할 수 있다. 아이들은 학교에서 조금씩 높은 장애물을 맞닥뜨리고 이를 극복해나가면서 성장한다.

하지만 학교를 이미 졸업한 성인들은 뛰어넘을 장애물을 스스로 설정하지 않으면 더 성장하거나 노화를 피하기가 어렵다. 그러니 일부러라도 귀찮은 일을 찾아서 하는 것이 중요하다. 뇌도 신체도 의식적으로 부하를 가하지 않으면 빨리 나이 들기 마련이다.

건강을 유지하기 위해 열심히 몸을 움직이려고 노력하는 사람이 많은데, 부디 뇌의 건강도 의식적으로 챙기기를 바란다. 이전까지 해본 적 없는 새로운 일이나 조금 번거로운 일에도 기꺼이 도전해보는 마인드셋을 갖추면 몸도 마음도 젊음을 유지하기 수월해진다. 독서는 뇌의 전신운동이다. 흥미를 끄는 책이 있으면 적극적으로 책장을 넘겨보기를 권한다.

호모 사피엔스의 뇌를 발달시키는 열쇠

마지막으로 언어와 뇌의 특별한 관계를 다시 한번 언급하며 이 책을 마무리하고자 한다.

지금까지 진행한 많은 실험의 결과를 통해 우리의 뇌는 여러 정신 활동 중에서도 특히 언어를 취급할 때 가장 활발히 움직이는 성질이 있음을 엿볼 수 있었다. 이런 특성에 기초해 심리학에서는 언어를 '기호'라고 부르는데, 뇌는 기호를 취급할 때 눈에 띄게 활성화된다.

기호는 사고를 위한 도구다. 언어나 숫자 같은 기호가 존재하는 덕분에 우리는 다양한 현상을 추상화하여 사고할 수 있다. 고차원적 사고는 머릿속에서 기호를 구사하며 성립된다.

단순히 뇌가 활동하는 사실만으로는 부족하다. 인간은 기호를 사용해야만 높은 수준으로 사고할 수 있으며, 그 덕분에 다른 동물들과 달리 고도로 복잡한 문명사회를 구축할 수 있었다. 매일 큰 혼란 없이 사회가 돌아갈 수 있는 이유도 기본적으로 모든 사회적 활동이 언어 등의 기호를 통해 이루어지기 때문이다.

기호를 다양하게 구사하면 현상을 심도 있게 추상화할 수 있다. 그러면 지금까지 알고 있던 수준에서 더 나아가 현상에 대한 개념을 확장할 수 있고, 더욱 차원 높은 사고가 가능해진다. 또한 기호로 표현할 수 있으면 시간과 공간의 제약을 넘어 자신의 생각을 다른 사람에게 정확하게 전달할 수 있다. 기호가 존재하기에 인간은 세대를 거듭하며 문명과 사회를 형성해 올 수 있었다. 만약 기호가 없었다면 다른 사람에게 개념적인 정보를 전달하기 어려웠을 것이다. 언어 같은 기호를 다루는 능력이야말로 인간을 인간답게 만든다.

기호를 사용해 현상을 추상화하고 개념화하는 능력을 지닌 생물종은 지구상에서는 인간뿐이다. 인간의 뇌가 기호를 다룰 수 있는 뇌였기 때문이다. 게다가 우리의 뇌는 기호를 취급할 때 잘 활동하는 성질을 지녔다. 이는 매우 흥미로운 일이다.

어쩌면 기호를 다루는 행위가 우리 호모 사피엔스의 뇌를 발달시키는 열쇠인지도 모른다. 뇌가 먼저인지 기호가 먼저인지는 알 수 없지만, 기호를 다루면서 우리의 대뇌가 커지고 더 복잡한 기호를 사용하게 된 것만은 분명하다. 그 결과 인간은 지구상에서 유례를 볼 수 없을 만큼 번영할 수 있었다.

언어 같은 기호를 사용하기가 버겁고 어렵다는 이유로 시각과 청각적 수단만으로 정보를 전달한다면 어떻게 될까? 인류의 발전이 멈추고 사람의 진화가 역행할지도 모른다. 최근에는 정보기술의 발달로 인해 영상을 통한 정보 전달이 크게 증가했다. 대학에서조차 일부 강의는 영상으로만 이루어지는 실정이다. 어디에서나 볼 수 있고 강의하는 측에서도 번거롭게 반복하지 않아도 된다는 측면에서 생각하면 영상 매체가 더 편할지 모르지만, 그 지식을 익히고 배우려는 입장에서 동영상만으로는 새로운 개념을 형성하거나 스스로 개념을 확장하기란 불가능에 가깝다.

소설을 직접 읽고 난 뒤 그 소설을 원작으로 하는 영화를 보는 경우를 생각해보자. 영화를 먼저 보았다면 모를까, 소설을 먼저 읽었다면 자신이 상상했던 인물의 모습이나 풍경이 영화속 모습과 달라 거부감을 느껴본 적이 있을 것이다. 소설을 읽을 때 깊이 감동했던 장면이나 대사가 생략되거나, 등장하더라도 전혀 다른 느낌으로 표현되기도 한다. 원작보다 더 잘 만들었든 아니든 소설 원작과 영화는 대체로 느낌이 다르다.

이러한 간극이 발생하는 이유는 영상에는 상상의 여지가 별로 없기 때문이다. 영화 감상이란 영화감독이 만든 사고 프레임 속으로 관객이 들어가는 행위다. 그래서 영화를 본 관객들은 모두가 같은 세계로 들어간 듯한 느낌을 받는다.

반면에 소설을 읽으면 독자는 제각기 다른 세계관을 가질 수 있다. 소설 속에 묘사된 등장인물들의 모습이나 장면들이 독자에게 각기 다른 느낌을 주기 때문이다. 저마다 경험한 바가 다르고 느끼는 감각도 다르기에 당연하게 발생하는 차이라 할 수 있다.

영상은 쉽고 편하게 정보를 받아들일 수 있는 대신 상상의 다양성이 상실되는 측면이 있다. 소설은 능동적으로 정보를 추구하지 않으면 접근할 수 없으므로 읽을 때 번거롭기는 하지만 상상의 다양성이 존재하고 거기서부터 자신만의 상상과 사색을 펼칠 수 있다. 뇌과학을 연구하는 입장에서는 이렇게 말과 글로 전달하는 행위가 문화를 다양하고 풍요롭게 만든다고 생각하곤 한다.

그런 맥락에서 영상 중심의 사회가 되면 오히려 문화가 쇠퇴하지는 않을지 우려스럽다. 영상은 결국 그것을 만든 사람이 보는 세계를 그대로 좇아가는 데 불과하기 때문이다. 물론 세상에는 명작이라고 칭송받는 영화도 있다. 그런 작품은 훌륭한 감독이 바라본 탁월한 세계를 관객 역시 동일하게 볼 수 있다는 점에서는 훌륭하지만, 그 이상의 무언가를 찾을 수는 없다. 그로부터 관객이 독자적으로 새로운 이미지를 얻기는 쉽지 않다.

호모 사피엔스는 기호를 다루는 능력을 지녔기에 언어를 통해 상상과 사색의 다양성을 발전시켜 나갈 수 있었다. 오랫동안 뇌를 계측하고 연구하다 보니 그런 확신이 든다.

책 읽기는 단순히 쓰여 있는 글을 읽는 수준을 넘어서서 독자가 저자와 대화를 나눌 수 있게 해주는 행위다. 자신의 감성을 있는 그대로 담아 저자와 대화하고 이를 계기로 자기 안의 사고를 무한히 확장할 수 있을 뿐만 아니라 새로운 개념을 배우고 형성할 수 있다. 단순히 저자와 대화하는 데서 그치지 않고 저자의 글을 계기로 자기 안의 사고의 폭을 넓힐 수 있는 것이다.

책 읽기는 사람의 복잡한 뇌와 심리로 인해 생기는 종합적인 힘을 높여주는 활동이다. 다시 말해 인간을 인간답게 하는 활동이다. 책을 읽지 않는다는 것은 인간다움을 버리는 길인지도 모른다.

쓸모 있는 뇌과학 • 5

독서의 뇌과학

1판 1쇄 발행 2024년 11월 6일
1판 3쇄 발행 2024년 11월 26일

지은이 가와시마 류타
옮긴이 황미숙
발행인 박명곤 **CEO** 박지성 **CFO** 김영은
기획편집1팀 채대광, 김준원, 이승미, 김윤아, 백환희, 이상지
기획편집2팀 박일귀, 이은빈, 강민형, 이지은, 박고은
디자인팀 구경표, 유채민, 윤신혜, 임지선
마케팅팀 임우열, 김은지, 전상미, 이호, 최고은

펴낸곳 (주)현대지성
출판등록 제406-2014-000124호
전화 070-7791-2136 **팩스** 0303-3444-2136
주소 서울시 강서구 마곡중앙6로 40, 장흥빌딩 10층
홈페이지 www.hdjisung.com **이메일** support@hdjisung.com
제작처 영신사

"Curious and Creative people make Inspiring Contents"
현대지성은 여러분의 의견 하나하나를 소중히 받고 있습니다.
원고 투고, 오탈자 제보, 제휴 제안은 support@hdjisung.com으로 보내 주세요.

현대지성 홈페이지

이 책을 만든 사람들
편집 김윤아, 채대광 **디자인** 구경표